「失敗の本質」を超えて

安全保障を現場から考える

野中郁次郎 —— 編著

日本経済新聞出版

まえがき

歪んだ平和主義

戦後およそ八〇年にわたり、日本は幸いにも戦争に巻き込まれることなく、自然災害を別とすれば、おおむね平和と安全を享受してきた。それを担保してきた自衛隊は、創設七〇年を迎え、災害派遣をはじめとする民生支援に尽力し、国際平和協力活動（ＰＫＯ）等の国際貢献活動に参加することによって国際平和・秩序維持に貢献してきた実績が認められ、多くの国民から受け入れられる組織となった。

しかしながら、現在でもなお、なぜか日本社会には安全保障の理解がしっかりと根づいてはいない。国民の多くは、ロシアによるウクライナ侵略に衝撃を受けたとはいえ、自国に対する武力侵攻があり得るとは考えていないように見える。日常生活において安全は水と空気と同じくただ同然のものと見なされている。特に安全保障の根幹をなす軍事について、真正面から取り組もうとする態度は希薄と言うほかない。

自衛隊も広く社会に受け入れられるようになったとはいえ、一般国民からその任務が正しく理解されているかどうかは、あやしい。災害救援で駆けつけてくれる頼もしくて都合の良い便利屋集団の自衛隊は知っているが、日夜、厳しい訓練に耐え国防の任務にあたる自衛隊の実像を知る人は少ない。

戦後の日本は、国家の生存や繁栄を左右する安全保障に正面から向き合おうとはせず、しかも、自らを脅かす軍事的脅威から努めて目を背けてきた。自衛隊についての理解がやや中途半端なものに終始してきたのも、そのためであった。

戦後の日本が軍事から努めて距離を置き、消極的に安全保障に取り組んできた理由の一端は、戦前の軍国主義と大戦の反省にある。戦後の日本社会には、独特の「平和主義」が生まれた。「軍事」＝「悪」という認識のもと、自国の安全保障を他国に依存することに安住する歪んだ平和主義である。

安全保障に無頓着な日本人の信条（心情）をつくったのは、歪んだ平和主義だけではない。戦後の安全保障環境に由来するところも大きい。戦後間もなく始まった冷戦は、核兵器による対立であった。核兵器を保有しない日本は、アメリカの核の傘の下に入り、核抑止戦略からは蚊帳の外に置かれた。それは戦後の日本が、軍事を軽視し経済復興に専念できた理由の一つでもあったが、軍事戦略を含む安全保障を深く考える必要性をなくした理由ともなった。

安全保障環境

このような歪んだ平和主義のもとにありながら、日本は冷戦期の国際環境にうまく適合することができた。のちに「吉田ドクトリン」と呼ばれた親米・軽武装・経済重視の政策によって、日本は奇跡の復興と繁栄を遂げた。それは、日米安全保障条約（日米同盟）によって国家の安全保障を担保するとともに、アメリカから「押し付けられた」日本国憲法（第九条）と国民の平和主義を梃子に、アメリカからの防衛力増強要求をかわす、という巧妙かつ矛盾に満ちた方策であった。冷戦時代には、これが機能したのである。

一九八〇年代末、冷戦は終わる。核戦争の恐怖から解放され平和で安定した国際秩序の到来が期待されたが、湾岸戦争、９・11アメリカ同時多発テロ、イラク戦争などが矢継ぎ早に起こり、そこに中国の目覚ましい台頭が加わることで、国際社会は新たな局面とカオスを迎えた。国際環境の変化に応じ、日本の安全保障策も対応を迫られた。

一九九二年には、ＰＫＯのため自衛隊が初めて海外に派遣された。それまで防衛力整備に重点が置かれてきた自衛隊を、いかに運用し機能させるか、ということが重視されるようになった。二〇一三年、安全保障政策の「司令塔」としてＮＳＣ（国家安全保障会議）が設置された。二〇一五年には、「平和安全法制」が制定され、従来、国際法上保有してはいるが憲法上行使することができないとされてきた集団的自衛権の一部行使を、政府がようやく認めるに至った。二〇二二年末には、「国家安全保障戦略」「国家防衛戦略」「防衛力整備計画」からなるいわゆる「安全保障三文書」が策定された。

一見すると、安全保障環境の変化に対応して、法制度や政府組織の面での改善がなされたように見える。確かに、これらの措置が以前に比べて改善の方向を向いていることは間違いない。しかしながら、自衛隊の海外派遣や集団的自衛権の一部行使は、その都度、憲法の解釈を取り繕うことで実現され、日本の安全保障政策は、政策本来の内在的有効性をめぐる論議ではなく、冷戦期と同様の形式的な法律論争に傾きがちであった。

依然として日本は憲法上の「制約」を盾あるいは「口実」とし、安全保障とりわけその軍事的側面について正面から向き合おうとはしていない。一見距離が縮んだかのように思われた国民と自衛隊の間にも、まだ大きな乖離が残っている。災害派遣等の民生協力やＰＫＯ等の国際貢献についての理解は深まったが、自衛隊の中核任務たる国防そのものについての理解と共感は必ずしも十分ではない。安全保障の骨幹にある軍事の意義を新しい視点から再検討しようとせず、軍事力および自衛隊の役割をいかに位置づけるべきかについての検討を怠っている。

つまり、自由と平和および豊かな経済生活を享受している国民は、日米同盟を維持し、現状程度の自衛隊があれば十分だと考えている。安全保障環境の巨大な変化に応じて、これまでの安全保障政策を、軍事を含めてトータルに見直さなければならないとは認識していないようである。

軍事の変容

かつて防衛大学校長を務め日本の安全保障問題の啓蒙に大きな役割を果たした猪木正道は、安全保障に関する日本人の姿勢について、一九七〇年代に次のような批判をしている（猪木正道「防衛と外交——安全保障の考え方」『国民外交』第二五号、一九七三年七月）。

「外交は非軍事的な手段によって国家に対する外からの脅威を阻止し、またそれに対処する方法であり、これに対して防衛は軍事的手段によってそれを阻止し、かつ対処するものであるが、これについては一部に、外交と防衛とは代替的な関係にある、という誤解がある。その誤解とは、第二次世界大戦後、核兵器が発達するにつれて、安全保障において軍事力が果たす役割が非常に低下したので、我が国の安全保障に関しても、防衛力を充実させることは時代逆行であり、安全保障は非軍事的な方法すなわち外交によって図るべきだから、今さら役にも立たない防衛力を充実させるのは時代錯誤だ、というものである。これは非常に根強い誤解で、しかも存外広く行きわたっている。たとえば、ある中央官庁の課長クラスの研修会に招かれたときの質問に次のような論旨のものがあった。公害とか土地・住宅問題で国民が非常に困っている今日の社会において、防衛力の充実に財政支出をふやせば、国家の財政力の配分から見て、そうした社会問題の解決がおろそかになる。国家の安全保障という観点から見ても、国民が困っている社会問題に重点的に財政支出すべきであって、防衛力を充実させるための予算を増やすことは安全保障上、大局的に見ればマイナスではないか。このように主張する人たちは防衛力をゼロにしてもよいと言っているわけではないが、今日のような状況では防衛力は極端に減らしても大丈夫であり、安全保障は主として外交によってやってゆくべきだ、と論じている。日本の将来を背負うエリートの中に、このような意見がかなり幅広く存在しているということは問題である。外交さえ十分であれば防衛力は不十分でも宜しいということにはならない。外交をしっかりやろうと思ったらどうしても防衛力をしっかり整備しておく必要がある。外交と防衛の関係は代替的ではなくて補完的なものなのだ。」

以上のような猪木の批判は、デタントと呼ばれた冷戦後期の緊張緩和の時代になされたものだが、彼の指摘には今でもなお耳を傾けなければならない内容が含まれている。

冷戦時代、軍事衝突が核戦争にエスカレートしないよう、大国間の戦争が避けられたことは事実である。軍事力の役割が過去ほど際立って重要ではなくなったようにも見えた。冷戦後はグローバリゼーションが進み、ヒト・モノ・カネの往来が盛んになって、相互依存が進展し、国家間の壁は低くなった。また、情報の入手が容易になったことで、戦争の原因となるミス・パーセプションが減少しているとも考えられた。

しかし、主権国家より上位の権威・権力が存在しない国際社会は、中央政府が欠如したアナーキー(無政府状態)のままである。緊張が緩和したように見えた時期でも、国家間にはひたすら競争原理が働き、国家間の競合がなくなったわけではない。各国は相対的パワーの優越をはかるための権謀術数を日夜めぐらしていたことに変わりはない。

新型コロナウイルス禍でも、国家優先のリアリズムとナショナリズムが露わになり、依然として国家が国際社会の基軸にあり、国家間の権力闘争が続いていることを再認識させた。ウイルスが猖獗《しょうけつ》を極めている間も、北朝鮮はミサイルを打ち上げ、中国は、このときとばかりに南シナ海や東シナ海における海上行動を活発化させ、中国公船は連日のように尖閣諸島周辺を遊弋している。

冷戦の終焉後、テロリストのような非国家主体による脅威が顕在化し、以前のように国家による軍事的侵略の脅威は低下したように思われたが、二〇二二年のロシアによるウクライナ侵略はそうした見方が一面的であったことを見せつけた。しかも、同じロシアが既に二〇一四年にクリミア侵攻で示したように、そこでは軍事力を主体としつつ、様々な手段・方法を用いた情報戦・心理戦・認知戦が戦われている。戦場も実体としての地理的空間だけではなく、サイバーなどバーチャルな空間にも及んでいる。そこには軍隊同士の戦闘を律した戦争法のようなルールもない。軍事と非軍事が入り混じった様相のハイブリッド戦が展開されている。

戦いは平時と戦時の区別も曖昧にしている。人為的操作による株価の暴落、サイバー攻撃、敵国首脳のスキャンダル捏造等、多岐にわたる手段が用いられ、庶民の生活に密接に関わるあらゆる手段を武器として、他国のパワーを弱め自国の利益を上げることに注力する国家や集団が存在する。喬良と王湘穂は、武器を使用せず敵の弱体化を図る「超限戦」として、通常戦のほかに、外交戦、国家テロ戦、諜報戦、金融戦、心理戦、法律戦、広報戦等二五種類の手段を提示している（喬良、王湘穂『超限戦 21世紀の「新しい戦争」』）。

安全保障とは、潜在的な脅威が顕在化することを防止し、脅威が顕在化した場合にはそれに対処することである。そして、安全保障が対象とすべき脅威は、軍事的侵略から大規模自然災害や新型コロナウイルスのようなパンデミック等に至るまで多種多様であり、そのスペクトラムが広がっている。戦い方も、武力の行使だけでなく、「超限戦」のように既存の手段やルールとは異質の新たな手法が用いられている。

そうした脅威に軍事的手段だけで対応することは不十分だろう。軍事以外の分野の発想や方法も不可欠である。だが、軍事以外の分野での発想や方法が重要かつ不可欠だからといって、軍事的方法や手段が必要でなくなるわけではない。脅威に対する軍事的対応と非軍事的対応は、先に紹介した猪木が防衛と外交について指摘したように、代替的な関係にあるのではなく、補完的な関係にあるからである。脅威が多様化し、平時と有事とを問わず超限戦的な戦いが展開されているからこそ、軍事的対応と非軍事的対応との補完性を再認識し、改めて軍事的対応の意味と本質を問い直さなければならない。

その意味で、安全保障は一部の国防実務者や軍人（自衛官）だけが担当するものであってはならない。国民生活のあらゆる要素が攻撃の対象となり得る現在においては、すべての国民が安全保障の担い手となり、軍事を根幹とする安全保障についての理解力を身につけなくてはならない。軍事についての正しい知識と実践は、脅威の顕在化を防ぎ、顕在化した脅威に対処するために不可欠である。戦争を防止し、平和を導くためには欠くことができない。誰もが軍事を必要としない平和な世界を願う。だが、軍事を排除または等閑視する安全保障はあり得ない。

本書の目的

前述したように、脅威が変容・多様化し、あらゆる手段が武器となり得る現在においては、国民一人ひとりが安全保障についての理解力を持たねばならない。そして、安全保障の主たる担い手として軍事を担当する自衛隊が、どんな組織であり、いかなる活動を展開し、どのような課題に直面しているかを理解しなければならない。それは、『防衛白書』を読んだだけではわからない。チャートに描かれた自衛隊の組織図を見ただけでもわからない。自衛隊の装備一覧を眺めても、理解することは難しいだろう。

自衛隊は内外の環境変化に対してどのように適応しようとしたのか。適応するにあたってどのような課題に直面したのか。課題を解決するためにいかなるイノベーションを達成しようとしたのか。イノベーションを達成するうえで、どんな苦悩を味わったのか。こうした実態と実情については、自衛隊という軍事組織のなかで働き、その経験をした者でなければ、正確に、かつ生き生きと描くことが難しい。

本書では、自衛隊勤務のなかで軍事組織としてのあるべき姿を模索してきた体験を、自衛隊ＯＢが率直かつリアルに語る。そうした軍事専門家が提供し説明する軍事組織の活動と課題の実体を知ることによって初めて、国民一般は安全保障の核にある軍事の実情を理解し、その本質を洞察することができよう。また、そこから安全保障の「実践知」を得ることも可能になるだろう。

本書の執筆者の大部分は、防衛大学校を卒業し、一九八〇年代から防衛の第一線で任務達成に努力してきた幹部自衛官OBである。彼らが自衛隊の現地・現物・現場でそれぞれ思考し、実践し、苦悩し、蓄積してきた経験が本書のベースとなる。彼らの経験の「物語り」を通して、軍事組織の在り方や目指すべき方向が示される。さらに本書では、世界の軍事組織のなかで最も大胆にイノベーションを重ねてきたアメリカ海兵隊との比較を試み、自衛隊に関する議論が、日本特有の文脈のなかに自閉的に埋没しないよう注意が払われよう。

本書は四年に及ぶ研究会の成果である。研究会を主宰した野中は、一九八四年に上梓した『失敗の本質』(ダイヤモンド社)において、旧日本軍を組織論のアプローチを用いて分析し、環境適応理論にもとづいて、日本軍の失敗の本質は「過去の成功体験の過剰適応」にあったと指摘した。明治期の戦争の成功体験のために、環境が大きく変化したにもかかわらず、陸軍は「白兵銃剣主義」、海軍は「大艦巨砲主義」というパラダイムを転換しようとはしなかった。

同じような失敗を、今の日本も繰り返してはいないだろうか。前述したように、日本は冷戦期に成功したいわゆる「吉田ドクトリン」を、冷戦後の変化した環境に対しても、基本構造を変えずにほぼそのまま適用しようとした。平和主義をいわば隠れ蓑にして、安全保障の重要な部分を他人任せにするシステムに安住してきた。

では、安全保障の核となる軍事を担当してきた自衛隊はどうなのか。過去の日本軍の失敗を教訓としつつ、歪んだ平和主義に安住しているかのように見える日本社会において、自衛隊は、どのようにしてその使命と任務を果たそうとしてきたのか。自衛隊は、戦後日本の「成功物語」のなかで、その環境変化にうまく適応してきたのか。うまく適応してきたとすれば、その「成功体験」は、激しく変動する世界のなかで「過剰適応」を導くことになってはいないか。

こうした問いかけによって、本書は、変容する安全保障環境のなかでの軍事組織の在り方を根本から再検討し、それを通して、軍事を核とする安全保障の本質を明らかにしたい。

坂口大作
戸部良一

【参考文献】
喬良、王湘穂（2020）『超限戦 21世紀の「新しい戦争」』（坂井臣之助監修、劉琦訳）角川新書
千々和泰明（2022）『戦後日本の安全保障』中公新書
――（2024）『日米同盟の地政学』新潮選書
土山實男（2004）『安全保障の国際政治学』有斐閣

「失敗の本質」を超えて　目次

第1章　分化と統合　自衛隊の次元と領域の拡大

第3章 実践知の蓄積 自衛隊任務の変遷

第4章 武士道と戦略文化　イラク派遣現場での発見

第5章　失敗が許されない世界　自衛隊における研究開発

序章

乖離から融合へ

社会と自衛隊

はじめに

一般に民主主義国家においては、武力を扱う軍隊や軍人は民衆の警戒の対象となり敬遠されやすい。なぜなら、軍隊は国家の物理的暴力を独占し、民主的手続きによってつくられた合意を破壊しかねない潜在的な力を持つ特殊な組織だからである。それでも、国家は対外的脅威に対抗するため、武力を管理し軍備を強化しなければならない。それゆえ軍人と国民や一般社会との間には価値観の相違が生じ、ときにはそれが越え難い壁となってしまう。それでも軍人には、嫌われ者役に自ら身を投じて国防に任じなければならない利他的精神が求められる。

戦後の歪んだ平和主義に裏打ちされ「軍事＝悪」と捉える日本社会において、自衛隊は特に社会と異質の価値観を持つ武力集団として敬遠されたばかりでなく、冷たい逆風にさらされてきた。そのため、自衛隊は自己の存在意義を理解してもらうために、自衛隊に敵対的ないし無関心な社会に働きかけ、創隊以来、国防任務に勤しむとともに、広範かつ多種多様な民生支援や広報を行い、理解を求めてきた。

また、何よりも自衛官が心がけてきたのは、自衛官自身が一人の市民として社会と同じ価値観、倫理観を有することを国民に示すことであった。それがそれなりの成果を上げると同時に、戦略環境や社会情勢の変化とともに、国際貢献活動等の実績が加わり、国民が自衛隊に寄せる風当たりや反感は創隊期に比較すればかなり緩和されてきたかに見える。

では、自衛隊に対する社会の理解が十分かと言えば、必ずしもそうではない。世論調査の結果を分析すると、国民が寄せる自衛隊への期待や理想は、災害派遣や民生支援等の非軍事的任務にあり、武力集団としての自衛隊ではない。日本の安全保障において「軍事」は依然として敬遠されがちである。戦後に生まれた「軍事＝悪」という反軍的文化は、しぶとく日本社会に根づいていると言ってもよい。

ところが、現在の世界は、ハイブリッド戦争や超限戦などに象徴されるように、平時と有事の区分けが曖昧な脅威にさらされている。安全保障における非軍事的脅威の意味合いは大きくなり、日常の一般社会を巻き込む脅威に変わりつつある。

このような時代に必要な安全保障は、軍事と非軍事の「総合力」であり、換言すれば自衛隊と社会の「融合」である。まずは、安全保障に対する国民の消極的な姿勢を改めることが重要だが、自衛隊側にも改めるべき点はある。これまで自衛隊は、一般社会と異なる特殊な組織であると自己規定し、国民に理解を求めようと奔走してきた。

しかし、これからは自衛隊自らが、社会の動向や営みを深く理解し、国民と一体となり新たな脅威に対応していくことが大切なのではなかろうか。

本章では、自衛隊が社会との距離をどのように狭めようと苦闘してきたのか、自らの経験を踏まえつつ紹介し、自衛隊と国民・社会の内面的距離の変遷について考察する。また、社会と自衛隊の一体化が強く求められる現在において、自衛隊に求められる課題とは何かについても考えてみたい。

一　歪んだ平和主義――国民と自衛隊の乖離

(1) 反軍的文化の定着

戦後の日本社会には、強い「自虐史観」とともに日本独特の「平和主義」が生まれたと言われる。それは「軍事＝悪」という認識のもと自国の防衛さえ他国に依存するという、主権国家とは言い難い無責任な歪んだ平和主義である。この平和主義が「自衛隊＝戦争」の構図を生み、自衛隊と社会の距離を遠ざけてきたのであった。

日本の社会的規範はなぜ、このように大きく変化してしまったのであろうか。太平洋戦争が始まる以前から、軍は政治を壟断《ろうだん》し、横柄な権威主義を振りかざす軍人も少なからずいて、民衆の気持ちを軍からわずかでも遠ざけていたのかもしれない。また、沖縄や満州（現中国東北部）での出来事をはじめ各戦地および本土において、日本軍が民衆や兵士の生命を粗末に扱ってきたことも否定できない。戦争を始めたのも戦争に負けたのも軍のせいだとする国民の軍に対する強い不信感に惑いはなかった。

また、明治維新以後、日本の対外戦争は日本の領土外で行われ、自国本土が焦土となることはなかった。しかし、太平洋戦争では原爆投下を含め空襲によって国民は甚大な人的・物的被害を受け、その被害意識が戦後の戦争忌避を生む要因ともなった。大きな惨禍を残した第一次世界大戦後のヨーロッパにおいて平和主義が広がったように、第二次世界大戦後の日本においても同じ現象が起きて、それが軍事アレルギーや非武装中立論につながった。

何よりも戦後、日本人がいとも簡単に平和主義に慣熟した背景には、前大戦への強い反動と戦争を防げなかった悔恨、長い戦争の時代がやっと終わったとする安堵感があり、平和に対する信念を一層高めたからとも言えよう。とりわけ悲惨な戦争経験をした世代の多くは、軍隊や戦争を忌避しがちだ。

柳田国男は、日本人には自国に対する思い切った誇りと、思い切った卑下と両極端が存在すると指摘している。かつての日本軍が、いかにも誇り高く見えながらも敗戦当時はみじめな退廃を露呈してしまったのと同じく、日本の歴史についてもいかにも尊厳に満ちた説き方と、それとまったく相反する自卑的な説き方との双方が混在し、日本人の知識をはなはだ矛盾に満ちたものにしていると批判している（柳田国男『日本人』）。

アメリカにとって対日占領政策の最優先課題は、日本を二度とアメリカに歯向かえない国に改造することであった。ＧＨＱ（連合国軍最高司令官総司令部）は日本国民に大戦の「罪の意識」を徹底的に植えつける必要があった。ＧＨＱは戦争指導部と国民を区別し、指導部の責任だけを追及したために、愛国心が欠けた極端な反戦思想にもとづく日本独特の「平和主義」が生まれ、それによって、多くの歴史事実が歪められるようになったとも考えられる。アメリカとしては、建国期から自国内にあった反軍的文化を日本にも同じように植えつければよかったのである。

ただし、国民の潜在意識に馴染まない規範は、いくら宣伝や教育を施しても定着するものではない。戦後の平和主義は日本人の平和を愛する民族性とそれに馴染む土壌が根底にあったからこそ、短期間で定着したのである。だが、その半面、対外的脅威と安全に対する鋭敏な意識が国民から遠のいていったことも事実であった。

（2）社会に疎まれた自衛隊の誕生

戦後日本の平和主義とは裏腹に、世界は東西対立の時代を迎え、自衛隊は冷戦の落とし子として、日本の反軍的な文化に逆行して誕生した。日本の再軍備は、独自の意志によるものではなく、アメリカの対ソ戦略、アジア戦略の一環として着手された。アメリカは日本の軍国主義復活を阻止しつつ、ソ連の直接・間接侵略に対応する防衛力を日本に持たせることで、アメリカの極東軍事戦略に連動させようとした。

一九五〇年六月に朝鮮戦争が勃発し日本に駐屯していた米陸軍が朝鮮半島に急遽派遣されたことで、日本の再軍備は時間的余裕がないまま、アメリカの構想で一方的に実行された。しかも、他の連合国の反対を避けるために、あくまで治安維持の強化を図るための警察力の増強という体裁がとられた。それゆえに、法的にも政治的にも根拠の弱い基礎の上に自衛隊の前身である警察予備隊は発足した。したがって、再軍備に対して日本政府の主体的な関与はなく、日本の特性を踏まえた独自の防衛構想や戦略が根底に反映されたわけでもなかった。自衛隊は軍隊か警察かわからない中途半端な武力集団としての性格を帯びるようになった。

それに限らず、日本の安全保障体制に内在する大きな矛盾が、安全保障と自衛隊に対する国民の関心を一層、遠ざけることになった。戦後における日本の安全保障の枠組みは「日本国憲法（第九条）」（一九四六年公布）と「日米安全保障条約（日米同盟）」（一九五一年締結）によってつくられた。日本国憲法は占領軍であるアメリカによって起草されたものであり、「戦争の放棄」「戦力の不保持」

「交戦権の否認」という三つの規範的要素を含んでいる。それは、終戦直後、日本が再びアメリカそして世界を脅かさないようにするため日本の軍事的無力化を図るというアメリカの戦略的要請にもとづいていた。

他方、日本の独立と同時に発効した日米安全保障条約によって、日本はアメリカの対ソ戦略のなかに位置づけられ、アメリカから防衛力の増強を間断なく要求され続けることになった。つまり、一方では戦力の不保持と交戦権の否認、他方では戦力の増強という理解し難い矛盾が、安全保障および自衛隊から国民を遠ざける大きな原因となった。何よりもこのジレンマに翻弄され続けてきたのが自衛隊である。

自衛隊はアメリカの都合と要請によって生まれただけに、自衛隊に対する日本人の関心は創隊当初から薄かった。朝鮮戦争が事実上終了すると、日本人は外的脅威に切迫感を抱かず、国防に無関心となった。また、朝鮮戦争やその後のベトナム戦争にアメリカが出兵すると、「アメリカの戦争に加担する自衛隊＝戦争」という誤解を国民の間に植えつけてしまった。

安全保障に対する政府や国民の意識が希薄な国の軍隊は、当然ながら脆弱になりやすい。自衛隊はそうであってはならないことを自覚し、一途に訓練に励み軍事組織としての鍛錬を図った。だが、そうすればそうするほど、自衛隊と国民・社会との距離は広まることになった。

（3）旧軍の否定と失敗体験への過剰適応

戦後の軍事忌避と反軍的文化の背景には、戦争を始めたのも戦争に負けたのも軍のせいだとする国民の軍に対する強い不信感があった。「旧軍＝悪」という規範によって、軍事に関わることは努めて忌避しようとする過剰適応が自衛隊にも投影された。

旧海軍出身者が「Y委員会」と称する内閣直属の秘密組織において、日本の海上防衛力再建のために計画策定にあたったのとは異なり、旧軍関係者を排除してつくられた警察予備隊には特にその過剰反応が見られた。海上自衛隊では帝国海軍の伝統がほぼ踏襲されたのに対して、陸上自衛隊（以下、陸自）では旧軍とのつながりがあえて絶たれたのであった。その具体的なものの一つが、普遍的な軍事用語でさえ否定する言葉替えであった。

例えば、自衛隊は軍隊とは位置づけられていないために、「兵士」ではなく「自衛官」であり、「兵科」のことを「職種」と呼ぶ。陸自には「普通科」や「野戦特科」といった職種があるが、一般の軍隊では「歩兵」や「砲兵」のことである。かつては戦車のことでさえ「特車」と呼称していた。

陸海空自衛隊共通の階級の呼び名も、少佐・中佐・大佐をあえて三佐・二佐・一佐と呼称するなど、旧軍を連想させる軍事用語の使用を努めて排除してきたのであった。現代の一般社会においてでさえ「少将」と言えば、そのランクがどの程度のものか理解できるが、「将補」と言われてもその地位を知る人はわずかでしかない。

戦時中、日本では英語を敵性語として様々な外来語を日本語に言葉替えをした。野球では、「ストライク」は「よし」、「ボール」は「だめ」と表現されたように、いつもは日常に溶け込んでいた言葉が、ぎこちなく馴染みのないものになった。

もちろん、警察予備隊があえて軍ではなく警察機能の一部であると無理に意識しようとしたゆえのことではあるが、このような言葉替えを含め、旧軍＝悪とする過剰適応により、なおさら社会は自衛隊という組織を理解できなくなり、社会と自衛隊の溝は深まった。英語表記は世界共通であることから、日本語よりも英語で表記した方が自衛隊の理解が容易となるのは、何とも滑稽な茶番であろう。問題は依然としてそれらの呼称が改められていないことにある。

言葉替えに限らず、戦前の失敗に対する過剰適応と軍事に対する執拗な忌避と警戒が、角を矯めて牛を殺すように自衛隊と安全保障の理解と進展を日本社会から遠ざけてきた。

(4) 脅威感の相違と自衛隊への警戒

自衛隊と国民の間にギャップをつくっていた最も大きな原因の一つは、脅威に対する認識の違いであった。国民が深刻に脅威を認識せず、平和主義と経済成長を謳歌しているなかで、自衛隊のみが外的脅威を深刻に受け止め緊張感を持ち続けなければならなかった。

国民からすれば、日常生活において外的脅威を実感する機会はほとんどなかった。冷戦の実態が米ソを中心とする東西陣営によるイデオロギーの戦いであったとともに、核兵器による対立でもあったことから、国民は日本本土に対するソ連の直接的な脅威を実感できなかったのである。ソ連の脅威を日常生活において常時、恐れていた日本人はごくわずかであり、一九七六年には脱脅威論による基盤的防衛力構想がとられたことで、明確に「敵」を意識することなく防衛力整備が進められるようになった。

外的脅威を意識し難かった半面、自衛隊を警戒する社会の姿勢は所々で見られた。戦争忌避と反軍アレルギーが合体し、非武装中立論が盛んに唱えられた。

一九七九年には、安全保障をテーマに「関・森嶋論争」が世の注目を集めた。日本の防衛努力と日米同盟が重要であると主張する関嘉彦（東京都立大学名誉教授）と、ソ連が侵略してくれば白旗と赤旗を掲げて降伏すべきであると非武装中立を主張する森嶋通夫（ロンドン大学教授）が論争した。それは軍事大国を目指す国権主義者である豪傑君と民主主義者で非武装中立論者である洋学紳士君との論争を描いた中江兆民著『三酔人経綸問答』を彷彿させるものであった。

このような議論が歴史において繰り返し行われるのは、日本の地理的特性と平和的民族性が創り出した戦略文化の影響を受けてのことであり、それは戦後も変わっていなかった。

これらの世相に同調する学生が自衛隊の演習に反対し、演習場の周りで頻繁にデモを行った。一国の最強武力集団である自衛隊が警察の機動隊に守られながら実弾射撃演習をするなど本来はあり得ぬことだが、決して珍しいことではなかった。

都市部において制服や戦闘服で通勤することは論外で、制服の軍人を街中で見かける諸外国とはかなり異なっていた。防大生が制服で歩いていると「税金泥棒」と罵られ、石を投げられたとする話は再三、聞かされた。自衛隊に入隊したことで、恩師や友人と断絶した者も少なくなかった。学校では、隊員の子供が「お前の父親は憲法違反の人殺し集団」と教員に糾弾されたとする話も耳にしたことがある。反戦自衛官なる反乱分子が部隊に潜伏し、内部から組織を破壊しようとする動きもあった。

誰よりも戦争を望んでいないのは自衛官であるのに、一部の国民が抱いていた明らかな誤謬は「自衛隊＝戦争」と思い違いをしていることにあった。しばしばたとえられるように、火事があるから消防署があるのであって、消防署があるから火事が起きるのではない。おそらく、理屈ではなく軍事に対する感情的な恐れが強かったのであろう。

―2― 社会との距離を縮めるための努力

(1) 地域への貢献と民生支援

では、自衛隊はどのようにして社会との距離を縮めようとしたのであろうか。防衛力整備、防衛関係の法制度、自衛官の権限・処遇等において立ちはだかった課題はいくつもあったが、ここでは第一線部隊が奮闘してきた姿を経験に即して紹介してみたい。

逆風が吹くなかで、国民から「愛される自衛隊」となるための施策として、自衛隊は地元への貢献を図った。地方に所在する自衛隊の部隊は、ほとんどが地元出身者で構成されている。隊員には戦前ほどではないにしても郷土愛があり、駐屯地は地元住民と自衛隊をつなぐ中心地であった。

陸自は災害派遣や防災訓練のほかにも、地元のお祭り等のイベント、スポーツ大会、除雪作業、音楽活動、急患輸送、道路や運動場の整備といった土木工事の受託など、多くの時間を民生協力に使ってきた。ときには、イベント会場に数週間にわたって野営し、炎天下あるいは酷寒のなかで準備作業に追われることもあった。

駐屯地の記念日は自衛隊を知ってもらう絶好の機会であり、普段は閉ざされた駐屯地を地域住民に開放し、パレードや訓練、装備品の一部を展示することで、自衛隊の広報活動を行った。

また、地域の清掃活動に参加し、青少年の野外活動においては指導員となり、新入社員の体験入隊等を受け入れた。警備を担当する地区の自治体に赴き、国防や災害訓練の重要性を説いて回ることもあった。

日米共同・実動訓練は、国民に同盟国の米軍や自衛隊を知ってもらう絶好の機会であった。米軍の滞在期間中における日米の文化的交流は相互理解のために重要な役割を果たしていたが、地元との交流イベントにはそれなりの経費を必要とした。自衛隊の末端部隊にはそのような予算は組まれていない。そのため、警備担当地区の自治体に頭を下げ寄付の請願に行くこともあった。米兵を受け入れてもらうホスト・ファミリーを地元の家庭にお願いに伺うこともあった。華々しい外交の裏で、自衛官のこのような地道な努力が日米同盟を盤石なものにしていた。

現在でも自衛隊は、新型コロナウイルスの予防接種から鳥・豚インフルエンザの処理にまで駆り出されて社会に貢献している。危険で汚く人手のかかる仕事は、自衛隊という便利屋集団に依頼すれば解決すると思っている地方自治体もないわけではない。ただ、そのような仕事を遂行できる自己完結能力を有した組織は唯一、自衛隊しかなく、些細な非軍事的任務の一つひとつが国民と自衛隊の絆を強めていった。

自衛隊は、愛されるだけでなく、信頼されなければならなかった。車両の運行から火器の管理に至るまで、安全には十分すぎるほどの注意が向けられた。特に陸自の場合、事故は一般住民の直近で起きやすく、大きな不安を与えることになる。小銃弾の空薬莢一つにしても厳重に管理され、数が一致しなければ、見つかるまで捜索した。おそらく、ここまで安全管理を徹底している軍事組織は、世界でも自衛隊以外になかろう。

また、どれだけ厳格に安全管理に気を配っていても、危険と隣り合わせの訓練において事故は起きる。ほぼ毎年のように数名の殉職者が出て家族は悲痛な思いをしなければならない。隊員の命を預かる指揮官に課せられている責任は想像以上に重く、指揮官職から解放されたときの安堵感がどれだけのものか、それは経験した者にしか理解できない。

(2) 人材育成と自己抑制

自衛隊と国民との間のギャップは、隊員募集にも痛手であった。徴兵制をとらない志願制の国には、共通の悩みとして兵力不足がある。日本のように軍事アレルギーがある国では隊員の不足が慢性化し、特に景気が良いときの募集は困難を極めた。

地方連絡部（現地方協力本部）の募集担当者は、休日を返上してでも四苦八苦しながら定員確保のノルマを達成しなければならなかった。待っていても志願者は訪れず、駅や繁華街で仕事に就いていなそうな若者に声をかけ勧誘さえした。そのように即席で集められた隊員には、服務事故がつきまとった。休日後に帰隊すべき隊員が戻らず、捜索が行われることは日常茶飯事であった。

新米の若手幹部は新隊員教育を任されることが多い。まだ団体生活に不慣れで「我」が強く残る隊員に手取り足取り教育・訓練を施していくのは忍耐力が必要とされた。しかし、この経験を通じて若手幹部自身も成長していく。当初は手のかかる隊員でも数カ月の訓練により、見違えるほど立派な自衛官となり、堅実かつ模範的な市民として行動するようになる。自衛隊は学校教育の不足を補う社会的な人材育成においても大きな貢献をしてきたのだ。

　言うまでもないが、自衛官も国民の一人であり、社会を構成する一員である。特に陸自隊員は日常において一般住民と密接に関わりながら職務を遂行しており、社会への影響も少なくない。そのなかで、自衛官が何よりも心がけている大切なことは、自衛官が模範的な市民でなければならないことであった。

　一九六一年制定の『自衛官の心がまえ』に次のような一文がある。

「自衛官は、有事においてはもちろん平時においても、つねに国民の心を自己の心とし、一身の利害を越えて公につくすことに誇りをもたなければならない。自衛官の精神の基盤となるものは健全な国民精神である。わけても自己を高め、人を愛し、民族と祖国を思う心は、正しい民族愛、祖国愛としてつねに自衛官の精神の基調となるものである」

「健全な国民精神」を基盤とする自衛官は、礼節、節度、自己犠牲、思いやり等、日本文化の美徳をも兼ね備えることを自らのあるべき姿として心がけてきたのではないかと思う。自衛隊は、「健全な国民精神」を象徴する組織として、日本文化に恥じない組織として、自己を抑制し誇りを持つことに努めてきた。たとえ、社会の風紀が乱れることがあっても、自衛隊だけは規律が維持された組織でなければならなかった。

　総じて、募集にしても人材育成にしても自衛隊内の問題は、日本社会をそのまま投影していた。それだけ軍事組織ないし軍隊とは、その国固有の文化を映し出す鏡像なのであろう。しかし、社会の動向をそのまま真に受けていれば国防は成り立たず、厳しい逆境のなかで自衛隊は組織を維持し強化しなければならなかった。

3 国民との距離は縮まったのだろうか

(1) 自衛隊の姿が見えてきた冷戦終結後

冷戦が終結すると、ソ連という大きな脅威が消失したため、自衛隊への風当たりはますます強まり国民との距離が広がるように思えた。しかし、実態は逆だった。

なぜなら、第一に、冷戦終結後においても東アジアには冷戦構造が残り、しかも国際社会に思いもよらない早さで、新たな脅威とカオスがもたらされたからである。日本社会は冷戦期にあったソ連という大きな脅威よりも、冷戦後における北朝鮮のミサイル、海賊、テロ、中国の海洋進出のような不特定で身近な脅威に敏感に反応するようになった。日常社会に直接襲いかかるかもしれない目に見える脅威は、離島防衛に象徴されるように、実際に戦うことを前提とする自衛隊の専門識能を高めることにもなった。

また、所要防衛力によらず「基盤的防衛力」で防衛力整備を行っていたことで、幸いにもソ連の脅威が低下しても防衛力が極端に削減されることにはならなかった。

第二に、国際社会が安全保障の面でフリー・ライダーであった日本に対し、国際秩序を維持するための役割分担を強く求めるようになり、自衛隊がそれに応えて国連平和維持活動、人道支援・災害救援等の様々な国際平和協力活動において着実に責任を果たしていったからである。興味深いことに、自衛隊は冷戦期よりも準軍事的任務を遂行するようになったにもかかわらず、実績を積むごとに日本国民は自衛隊を信頼し、好感を持って評価するようになった。

自衛隊の多くの実績が国際社会の信頼とともに国民の信頼を勝ち得たのは確かだが、日本社会は国内で活動する非戦闘的な自衛隊に安心感を抱いてきた。したがって集団的自衛権の一部行使や国外での軍事的活動が自衛隊に求められようとすると、世論は敏感に反応した。

（2）世論の変化

戦略環境や社会情勢の変化、国際貢献活動等の実績が加わり、国民が自衛隊に寄せる風当たりや反感は創隊期に比較すればかなり緩和されてきたかに見える。では、戦略環境の変化や自衛隊の様々な施策と努力によって自衛隊と国民の距離は狭められたのだろうか。

世論調査の結果を分析すると、国民が自衛隊に寄せる期待や理想は、非軍事的任務にあり、武力集団としての自衛隊ではない。日本の安全保障において「軍事」は依然として敬遠されがちである。

日本人の脅威認識と自衛隊に対する意識について、「自衛隊・防衛問題に関する世論調査」（二〇二三年一一月一七日～一二月二五日に内閣府が実施）を参考にすると、「現在の世界の情勢から考えて日本が戦争を仕掛けられたり戦争に巻込まれたりする危険があると思いますか」という問いに対して、「危険がある」と答えた人は八六・二％であった。そして、「自衛隊・防衛問題に関心がある」は、七八・二％（一九七八年は四七・七％）であり、「関心がない」の二〇・二％（一九七八年は五〇・四％）を大きく上回った。

自衛隊に関心がある理由として「日本の平和と独立を守っている組織だから」と回答した人が二八・九％であったのに対して「大規模災害など各種事態への対応などで国民生活に密接なかかわりを持っているから」は五三・一％であった。「自衛隊にどのような役割を期待しますか」という問いについては、「国の安全の確保（周辺海空域における安全確保、島嶼部に対する攻撃への対応など）」が七八・三％であったのに対して「災害派遣（災害の時の救援活動や緊急の患者輸送など）」は八八・三％であり、いずれの回答も国防よりも災害派遣に期待が寄せられている。

国民の脅威観や自衛隊・防衛問題に対する関心は、一九七八年の世論調査結果に比較すればはるかに高まっている。しかし、脅威への認識が高まりつつあるなかにおいても、国防任務より災害派遣や様々な民生支援に駆けつけてくれる便利屋集団としての自衛隊に対する評価が高いと理解できる。

国民が自衛隊を知るのは、災害派遣や民生支援の活動現場やメディア内に限られており、厳しく緊張感のある国防に任ずる自衛隊の姿を目にすることはほとんどない。自衛隊の「顔」は、未だにそれほど知られていないのが現状であろう。

「自衛隊に対してよい印象を持っている（どちらかと言えばよい印象を持っているを含む）」は九〇・八％であり、「悪い印象（どちらかと言えば悪い印象を含む）」は五％でしかなかった。しかし、「自衛隊の規模をどのようにした方がよいと思うか」については、「増強した方がよい」が四一・五％であったのに対して「今の程度でよい」は五三％、「縮小すべき」は三・六％と、脅威を認識していながら自衛隊の規模については現状維持を望む声が強い。

憲法と日米同盟を基軸とする日本の安全保障政策に変化はなく、依然として矛盾を含んだままでありながら、日本国民はそれを否定することもなく現状を受け入れ続け、改憲を望む声は小さい。自衛隊の海外派遣や集団的自衛権の限定的行使、そして隊員の行動基準や権限が、憲法や諸法規の解釈を取り繕うことでその都度実現していったことで、憲法を見直すまでもなくなり、改憲に歯止めがかけられてしまったのである。そのような実態から、日本の安全保障の主要課題は実践的な戦略を講じることではなく、法律論争となってしまっている。

憲法第九条は既に限界であるにもかかわらず、日本社会は依然として憲法の改正や国防に関して消極的であり、軍事についても正面から向き合おうとはしていない。もし、国民と自衛隊の距離が狭まったのであれば、抜本的な安全保障改革が進んでいよう。例えば、自衛隊の活躍が脚光を浴びると自衛隊への入隊希望者が増えそうだが、同時に厳しい自衛隊の任務も広く知れ渡るため、志願者は減り隊員募集は厳しい状況に追い込まれていく。

二〇二三年度における自衛官採用数の充足率は、過去最低の五一%であった。少子高齢化に加え、民間企業との人材獲得競争の激化が理由としてある。防衛力の抜本的強化が希求されていながら、国民や社会の自衛隊に対する関心は追従していないようである。防衛省・自衛隊は、AI（人工知能）などを利用した部隊の省人化・無人化、OBや民間などの外部の力の活用とともに給与や任用制度などの処遇を改善することで難局を打開しようとしているが、国民が国防意識を高め、その任務に就くことを誇りに思うようにならなければ、根本的な解決策にはならないであろう。

世論調査において「あなたは、もし身近な人が自衛隊員になりたいと言ったら、賛成しますか、反対しますか」という問いに対して、「賛成」は六八・七%、「反対」は二九・五%であった。また、

World Values Surveyが二〇二一年一月に実施したアンケート調査によれば、「もし、戦争が起きたら国のために戦うか」という問いに対して、「はい」と回答した日本人は一三・一％と世界七九カ国中、最低であり、四八・六％が「いいえ」、三八・一％が「わからない」と回答している。国のために戦うと回答した上位国には中国を含むアジア、アフリカ諸国、北欧諸国が多くランクインしている。このような国の大概は、徴兵制を敷き、自国の平和は自ら守ろうとする意志が表れている。

二〇一九年時点において、世界で徴兵制を採用する国は八三カ国を数える。ヨーロッパ各国では、ロシアによるウクライナ侵攻以来、徴兵制を復活させ、兵役義務を課す動きが広がっている。

日本人の無責任な国防意識は、戦後に突如として生まれた軍事アレルギーによるものではなく、日本本来の島国的な戦略文化の一部であるのかもしれない。日本では、国防や戦は武士の領分であり、一般民衆とは無縁と考える文化があった。江戸幕府が創設した長崎海軍伝習所の第二次オランダ教師団の司令官であったリッダー・ハイセン・フォン・カッテンディーケの回顧録『日本滞在記抄』では、次のようなくだりが紹介されている。「長崎にイギリスといった大きな国が軍艦を一隻入れただけで占領できる。そのときあなた方はどうしますか」と質問したら、「それは幕府のなさることで、私どもの仕事とは関係ない」と大商人が答えた（ドナルド・キーン、司馬遼太郎、安部公房『ドナルド・キーン著作集　世界のなかの日本文化』）。

アメリカにおいては、自分たちのコミュニティは自分たちで守るという文化が建国期から芽生えていた。アメリカでは人民の自由を奪いかねない中央権力の象徴たる常備軍を警戒し、大規模な連邦軍を保有することを避けてきた。しかし、様々な暴動から自分たちのコミュニティを守るために、自ら民兵となり自前で銃や弾薬を準備して脅威に備えた。その後、民兵は州兵として発展し現在に引き継がれている。アメリカにおいて銃規制が依然として徹底されないのも、このような市民防衛の理念が根づいているからである。

他方、封建制度の日本では武器を所有する支配階級が厳格に規定されており、農民が武器を保有することは許されなかった。したがって、明治になり徴兵制度に反対したのは、平民よりもむしろ武士階級の方であった。佐賀の乱（一八七四年）、神風連の乱（一八七六年）、秋月の乱（一八七六年）、萩の乱（一八七六年）、西南戦争（一八七七年）等、一連の不平士族の反乱は、明治新政府により士族の特権や地位を奪われたことだけを理由としたのではなく、徴兵制による平民の軍では日本を守ることはできないとする焦燥感によって起きたものであった。武士にとって、平民や農民が戦士になることなどあり得ず、最も屈辱的なことであった。

国防は武士の仕事であり、一般民衆には関わりがないとする姿勢は、現在の日本に引き継がれているのではなかろうか。災害救援で駆けつけてくれる頼もしい都合の良い便利屋集団の自衛隊は知っているが、日夜、つらく厳しい訓練に耐え国防の任務にあたる自衛隊については意識の外にある。自衛隊に対する敬意や感謝の声が少ない半面、自衛隊で起きる不祥事や事故に対しては他人事のように厳しい批判が向けられる。日本社会では、安全保障は国全体の問題であり、国民すべてが当事者であるとする意識がほとんど見られない。

北朝鮮の核・ミサイル実験が行われるときや、中国公船が日本の領海に侵入するたびに警戒感が高まり、国民は自衛隊・防衛問題に関心を示すが、それらが常態化すると緊張感は減退し、多くの国民は自衛隊の現状能力に満足するようになる。自由と平和および豊かな経済生活を謳歌している国民にとっては、現憲法の枠内で日米同盟が維持され、現状程度の自衛力があれば満足なのであって、それ以上の安全保障も自衛隊の見直しも必要とされていないのである。

総じて、反自衛隊的感情は弱まり、自衛隊との距離が狭まったことは事実であろう。しかし、それは非軍事活動を行う自衛隊への支持によるものであり、基本的には日本社会の軍事アレルギーは根強く残っていると言えそうだ。自衛隊と国民の乖離は、日本に堅実な安全保障観念がまだ定着していないことの、重大な一側面である。

依然として日本国民の安全保障観において「軍事」は敬遠されがちで、一般国民から「共感」を得るには、時間がかかりそうだ。否、むしろ「共感」は得られないものと割り切り、国民との距離を縮めなければならないのかもしれない。

—4— 望まれる社会と自衛隊の一体化

(1) 軍事・非軍事の区分なき脅威

現在の脅威は、軍事的および非軍事的脅威が混在し、自衛隊だけが脅威と戦う時代ではなくなってきている。ロシアのウクライナ侵攻のように、一昔前の戦争形態が残っていることは事実であるが、現在の主な脅威は「超限戦」に代表されるように、人為的に操作された株価の暴落、サイバー攻撃、敵国首脳のスキャンダル捏造等、庶民の生活に密接に関わるものとなっており、武力だけで争っていた時代以上に対応が厄介である。

例えば、二〇一四年にロシアがクリミアで繰り広げたハイブリッド戦は、明確なルールや手続きがあったわけではなく、戦場がどこかも敵は誰かもわからない軍事と非軍事が入り混じった様相が展開された。

さらには敵対行動の範囲も陸・海・空からサイバー、宇宙、電磁波等に及び、これまでの工業化時代の装備体系や訓練は、新たな脅威に通用しなくなりつつある。そもそも軍事力が国家にとって国力の増長を図るための使い勝手の良い手段ではなくなってきている。

そのような変化を受けて、軍の改革や再定義が試みられたが、それが難しいことは冷戦後の米陸軍が例示している。米軍がイラクやアフガニスタンにおいて「対反乱作戦（ＣＯＩＮ：counter-insurgency）」を重視するようになると、伝統的な通常作戦を重視すべきか、または「対反乱作戦」を重視すべきか国防関係者のなかで深刻な問題となった。

ベトナム戦争以降、米軍は「対反乱作戦」を怠ってきたと反省するグループは、アメリカが前提としてきた戦争シナリオでは対処できない以上、テロ攻撃対策に特化した戦い方を用意する必要があると主張した。一方、「伝統的な軍事作戦」を重視するグループは、相手の戦力を殲滅しない限り脅威はなくならず、「敵軍殲滅中心（enemy-centric）」の軍事作戦は依然として重要だと考えた。確かにイスラエル陸軍の場合は「対反乱作戦」を重視しすぎていたため、正規戦の様相を呈したレバノン戦争（二〇〇六年）では苦戦を強いられている。

確かなのは、軍事作戦の目的そのものが敵の殺傷・破壊ではなくなってきたため、「高烈度（high-intensity)」の軍事作戦が遂行できれば「低烈度（low-intensity)」の作戦にも容易に対処できる、という簡単な構図にはならなくなったことであろう。

軍隊は保守的な組織であり、殺傷・破壊による消耗戦を遂行する目的で教育を受け厳しい訓練に耐えてきた将兵の意識改革を行うことは難しい。また、「住民対象（population-centric)」の作戦では必ずしも軍が主役ではなくなり、NGO等の非軍事組織の果たす役割も大きくなっている。そうなると、軍はそれらとともに包括的に作戦を遂行しなければならないであろう。

自衛隊にとって戦う相手は敵国の軍事力だけとは言っていられない時代を迎えており、まさに国民とともに総力戦で脅威と戦わなければならない。現在の安全保障に必要なのは、軍事と非軍事の「総合化」「融合」であり、換言すれば、自衛隊と国民の「一体化」なのである。

しかし、自衛隊と国民の間に「共感」が得られず、どうしても両者の距離を縮められないのであれば、自衛隊はこれまでの姿勢を改めなくてはならない。

これまで自衛隊は、自らの存在を一方的に国民に知らしめ理解を得ようと努力してきた。ここで発想を変えて、自衛隊に対する国民の理解を期待するのでなく、自衛隊自らが広くかつ深く社会に溶け込み、積極的に社会との融合を図ることが必要ではなかろうか。

(2) スペシャリストと強い「個」の育成

安全保障の特質が大きく変化している現在、特に自衛隊に望まれる課題は、①一般社会と共通する専門域で活躍できるスペシャリストの育成、②学術的能力を発揮して産官学の協力体制に主体的に参加できる人材の育成、そして③政治に対する軍事的助言者としての役割の強化であろう。

工業化時代の比較的規模が大きい戦争には、大規模な軍をマネージできるゼネラリストを必要とした。ところが、優れたゼネラリストのリーダーはいつの時代にあっても必要であるとは言うものの、現代の多種多様で不特定な脅威に対応するためには、自衛隊でも様々な領域で深い専門性を有するスペシャリストの存在がこれまで以上に望まれている。しかも、現在求められているスペシャリストは、組織に依存しなくても一般社会で優れた専門知識を発揮できる強い「個」である。

サイバー、テロ、外交、諜報、金融、心理、法律、広報、メディア等、「超限戦」が対象としている、武器を使用せず敵の弱体化を図るような脅威に対応するためには、社会を構成するあらゆる仕組みを理解する能力が必要となろう。また、ＡＩ、ロボット、宇宙等の次世代先端技術、さらには環境問題に至るまで多様な分野での専門家が求められる。

軍隊や自衛隊のように団結力が求められ、画一的になりがちな思考過程で全員が動いている組織は、次々とスピーディに変化する脅威に組織全体で対応することが極めて困難である。組織全体での対応はしばしば鈍重で遅すぎるだけでなく、巧妙で虚をつく脅威に攪乱されると共倒れしかねない。

そうならないためには、一見すると何事にも通じているようで、ともすると既成概念に傾きがちなゼネラリストよりも、特定分野について深い知識と洞察力を有する独創的なスペシャリストを多様な領域で育てることが必要である。そうしたダイバーシティ・マネジメント（diversity management）が、新たな脅威に屈しない頑強な自衛隊をつくる鍵となろう。

スペシャリストの養成には高いコストと時間が必要であり、それに見合ったベネフィットを得られないこともある。しかし、高額な最新鋭の装備が一度も実戦で使用されることなくいずれ老朽化していっても、保有していることが抑止力を高めているように、一見、平素は役立っていないような人が実は重要な役割を担っていることもある。組織にはそのような人も必要であって、「無用な用」を寛大に受け入れ、多くを抱えている組織ほど、有事には底知れない力を発揮する。当然、スペシャリストは己の役割を自覚し、専門性を究めていくことを忘れてはならない。

これからの自衛隊に望まれるのは、変化を敏感に捉え、必要なことを自ら考え対応できる強い「個」である。そのような最先端の知識を身につけた「個」の結集こそが、頑強な知的集団を創り出していく。

「原子力海軍の父」と称されたリッコーヴァー（Hyman Rickover）米海軍大将は、次のような言葉を残している。

「組織は事を成し遂げられない。計画とプログラムは事を成し遂げられない。唯一人だけが、事を成し遂げる。組織、計画、プログラムは人を助けることもあるが障害にもなる（Organizations don't get things done. Plans and programs don't get things done. Only people get things done. Organizations, plans, and programs either help or hinder people）」

第二次世界大戦後、早くからＣＩＡ（中央情報局）の若手分析官たちは中ソ対立の兆候をつかみ、上司に報告していた。しかし、ソ連や共産主義を専門とする古株のベテラン分析官たちは、中ソが共産主義思想によって一枚岩の状態にあることを疑わず、組織で報告を握りつぶした。そのとき、ＣＩＡが教条主義と固定観念を排し、若手分析官の訴えに柔軟に耳を傾けていれば、冷戦はもっと早く終結していたかもしれない（Harold P. Ford, "The CIA and Double Demonology：Calling the Sino-Soviet Split," *Studies in Intelligence*）。

組織に埋没していると組織の惰性や慣性に引きずられ大切なことに目を向けられなくなる。組織に依存しすぎない強い「個」が求められている。

（3）産官学協力への主体的参加

日本では、経済、科学技術と安全保障との結びつきが弱く総合化されていないことがよく指摘されている。安全あっての経済活動であり、科学技術の裏づけあっての安全保障である。そして、経済が安全保障と科学技術力を支えている。だが、産官学一体となって英知を結集し総合安全保障に臨まなければならない認識が、日本では希薄であるようだ。

戦後の日本では軍事と非軍事分野との間に大きな隔壁があり、安全保障に向けた融合と一体化がなされていないとする指摘もある。安全保障は自衛隊を含む様々な専門職域の結集によって達せられるものだろうが、日本の安全保障体制は、多様なプロフェッションの間に隔壁があり、国家全体として未完成状態にある。特に産官学協力の分野はその適例であろう。

防衛省は軍民両用技術の研究を「安全保障技術研究推進制度」によって助成しているが、軍事目的の研究を規制する大学は少なくない。例えば、日本学術会議は二〇一七年三月に「軍事科学研究を絶対に行わない」との声明を出し、過去の方針を継承した。軍事利用の恐れのある研究の規制を大学に求めたため、一八年度の応募は一〇〇件を切った。しかし、二二年に日本学術会議が軍民両用の研究を事実上容認する見解をまとめると、応募は増加し、二〇二四年度は過去最高の二〇三件に達し、大学の応募も四〇件を超した（『読売新聞』二〇二四年六月七日付朝刊）。

軍事技術は戦闘そのものよりも、抑止、防衛のためにこそ使われるものであることは、世界の常識になりつつある。また、現在の技術は軍民の峻別ができないものとして活用されている。この変化を受け入れていない日本学術会議は、あまりにも浮世離れしている。大学の研究者のなかには、民生技術を発展させるために防衛技術との連携を望んでいる者もいるのではなかろうか。それらの研究の芽を摘むことは、日本にとって大きな損失となっている。総合科学技術・イノベーション会議のメンバーに防衛大臣が含まれていないのも問題であろう。また、つい最近まで東京大学をはじめ現職の自衛官を受け入れない大学・大学院があった。日本の最高学府である大学が、職業で人を差別する憲法違反を犯していた。

現在、日本の科学技術力は著しく低迷していると言われる。科学技術力を活性化させ再び上昇させるためには、民生と軍事という古い壁を取り払い、産官学の協力を推進しなければならない。研究者の学問の自由を認め、ＡＩ、無人機、量子などの先端技術の研究開発、防衛生産・技術基盤の強化といった様々な課題に向き合い、防衛力の抜本的強化に取り組むべきだ。そしてそのためには、大学を含む社会の研究機関が軍民両用技術の研究に積極的に関わるだけでなく、防衛省・自衛隊が先導しつつその研究協力に主体的に参加し、軍民融合の科学技術開発に取り組むべきであろう。

防衛生産・技術基盤は防衛力そのものであり、最先端の知性を結集しなければ、堅実な安全保障は成し遂げられないことを、肝に銘じなければならない。

(4) 実務とアカデミズムの融和

自衛隊が、将来の敵と戦って勝つために必要なことは、従来のプロフェッションに加えて、知的集団になることである。暗黙知であれ、形式知であれ、野性とともに将来を見据えて考えることができる知性が貫かれた組織にならなければならない。そのためには、自衛隊自身が変わるだけでなく、社会の自衛隊に対する姿勢も変わる必要がある。

この点で指摘しなければならないのは、学術の世界において、自衛隊に対して偏見があることである。前項で述べたように、軍民融合の分野での研究協力に対する日本学術会議の否定的な姿勢は、それを象徴するものだ。また、自衛官が学ぶことに門戸を閉ざしている大学があることも事実である。

一般に、研究者と実務家との間には気質の違いのようなものがある。研究者は実務家の現場感覚を軽視しがちで、純粋に研究対象を分析することに没入する。実務家は、研究者の研究成果が現場に適合しない部分を誇張して批判する。しばしば実務家は研究者を、そして研究者は実務家を受け入れないケースが出てきてしまう。

部隊偏重主義に立つ現場の自衛官がアカデミズムを軽視し批判するのは、そのためでもある。また、日本のアカデミズムの世界が、自衛官または自衛官出身の研究者を見下す傾向があるのも、軍事アレルギーのほかに、彼らが軍事という特定の目的のために研究に関わっている実務家にほかならない、つまり純粋の研究者ではないと見ていることが理由なのかもしれない。

研究者と実務家が互いに排斥することは必然でもないし、不可避でもない。特に安全保障を目的とする場合、研究者と実務家は相互協力が必要不可欠である。実務を離れた安全保障研究はあり得ない。研究成果を尊重し活用しない安全保障の実務は使命を達成し得ない。研究者と実務家は、相手の能力と役割に尊敬の念を持つ。それが本来のプロ意識である。

アメリカをはじめ多くの先進諸国では、軍事行政を含む行政府において大学教員が勤務し、また大学やシンクタンクで多数の軍人がごく普通に学び、勤務している。実務と研究、民生と軍事の融合がなされている。また、一般大学においても普通に軍事関連科目が取り入れられ教育されており、学生は軍事に違和感を持たず広い視野で安全保障を学んでいる。研究者と実務家、社会と軍隊は、相互に批判しつつ、相手から学び、共生している。イノベーションはその共生からこそ生まれるのである。

（5）自衛隊と政治との関わり

自衛隊は、旧軍の政治介入に対する反省から、努めて政治から距離をとろうとしてきた。また、民主主義国家でのあるべき政軍関係として、自衛隊は政治に関与することを強く戒められてきた。それゆえ自衛官は、安全保障や軍事に関する政治の決定に何ら口を出さず、決定されたことに対して従順に行動していればよかった。それは政治が軍事的領域についても自衛官の行動の準拠を示してくれた半面、軍事の専門家としての自衛官が政治に対して軍事的アドバイスをする機会を失っていたことを意味する。

あるテレビ番組で元自衛隊将官の一人がインタビューを受けて、ひたすら「政治の決定に従い行動するのみです」と繰り返し返答していた光景を思い出す。それは確かに自衛隊の正しい姿ではあろう。

だが、それだけでは自衛官としての務めを十分に果たしているとは言えないのではなかろうか。

かつて、ひとたび戦争が始まれば戦場は軍人の独壇場であり、そこでの状況判断と決心は軍人に委ねられた。しかし、これからの脅威に対しては、政治家と軍人が同じ場で一体となり決心をして、作戦を進める機会が増えるに違いない。作戦に対する責任は、従来は軍人のみに課せられていたが、今後は政治家にも課せられることになろう。

二〇一一年五月、ビン・ラーディンは、パキスタンの米海軍特殊部隊によって殺害された。その様子を、オバマ大統領は側近や軍高官とともにホワイトハウスのシチュエーションルームにおいて注視していた。映画〝Eye in the Sky〟では、同じように文民政治家と軍人がモニターを見ながら、テロリストに対するドローン攻撃の是非を判断し決心していく様子が描かれている。

おそらく、将来はこのような小規模な軍事作戦が多発し、自衛官もリアル・タイムで政治家に対して軍事的アドバイスをする機会が求められていくであろう。作戦・戦術にとどまらず、国際情勢を見極めた戦略的なアドバイスを求められることもあろう。もちろん、政治家も軍事的知識を持たねばならず、すべてを自衛官に任せていては適時、的確な決心はできない。

政治へのアドバイスという点について、米陸軍のインリン（Paul Yingling）中佐は、「将軍たちの失敗（A failure in generalship）」と題する論文を*Armed Forces Journal*（二〇〇七年七月号）に投稿し、「将軍たちはイラク戦争の戦略的公算について正しい見積もりを政策立案者に提供せず、作戦準備に失敗した責任をとるべきである」と述べ、軍上層部を糾弾した。

インリン中佐は、「政治家が不十分な手段で国家を戦争に導こうとしているときに、将軍が沈黙していたならば、将軍はその結果に対し責任を共有する。将軍には将来戦の様相を思い描き、それに対応できない場合のリスクについて文民の政策決定者に説明する責任がある。国家が平和なとき、戦争準備を執拗に叫ぶ将軍はその地位を危うくするが、あまりにも静かな将軍は国家の安全保障を危うくしかねない」と述べている。

一般にアメリカの官僚組織の長は、政権の立場を擁護するという意味で本質的に政治的である。一方、軍人は政治的な立場から独立したプロフェッショナルな判断と発言が求められており、これはいかに高位の軍人でも同様である。それゆえに、現在でも、統合参謀本部メンバーは自ら適切と考える事項について議会に対して勧告を行うことができるし、議会の指名承認公聴会においては、議会の求めに応じて軍人は、プロフェッショナルな意見を開陳している。

かつてペース（Peter Pace）将軍は再任されることなく統合参謀本部議長を退任することになったが、それは彼自身の能力や人格に問題があったからではなく、ラムズフェルド国防長官らに対してあまりに従順で、プロフェッショナルな助言を正直に行わなかったため、議会内で彼に対する批判が強まったからと報道されている。

このようなことを考慮に入れると、将軍に欠けていたのは軍人としての専門的な知識や教養ではなく、ミリタリー・プロフェッショナリズムと政治指導者への服従・忠誠とのバランスではなかったのかと思える。

最近は統合幕僚長をはじめとして自衛官も首相官邸に入るようになった。政治の決定に従う原則は破ってはならないが、自衛官が専門知識を有する軍事の助言者であることを忘れてはならない。もちろん、より深い軍事知識を有することは必要だが、軍事を囲む様々な分野の知識の習得も必要だ。広く学ばなければ、軍事の意義を明確に位置づけることはできないであろう。

おわりに

戦後の日本は安全保障に消極的な姿勢をとっただけでなく、自衛隊をその中心に置かずむしろ遠ざけようとしてきた。例えば、日本政府は一九八〇年代から安全保障政策の改革に乗り出し、軍事的脅威のみでなく経済問題等の非軍事的脅威や自然災害等の意図を伴わない不可抗力による脅威を視野に入れた総合安全保障政策を提唱した。

日本が安全保障の変化をいち早く読み取り、世界に先駆けて政策に反映させたことは評価できるかもしれない。ところが、総合安全保障政策は、軍事的脅威よりも自然災害を含む非軍事的脅威を重視するものとして運用され、依然として軍事的紛争が多発し軍事的脅威にさらされていた時代において、リアリズムを欠く結果となってしまった。

このような結果を招いてしまった最大の理由は、安全保障の骨幹にある軍事の意義・役割を新しい視点から再評価しようとせず、軽視したことにある。非軍事的手段で軍事を補完できると誤解し、軍事力および自衛隊をいかに使用すべきか、または軍事と非軍事をいかに統合するのかについて考えることを怠った。そのため安全保障の中心的課題である軍事力の役割が曖昧になってしまった。総合安全保障の提唱者が、軍事的脅威に対処するために、いかなる役割・機能を自衛隊に付与すべきかについて明快な解答を提示していたならば、総合安全保障の概念はより実質的な意義を持つことになったであろう。

戦後の日本は戦争に巻き込まれることなく、自衛隊に一度も武力を行使させることもなく平和を維持できた。歪んだ平和主義を背景としながらも、軍事的脅威を深刻に捉えることができなくても、日本人の安全保障観や日本の安全保障政策はその危うい欠陥を露呈させずに済んだ。それは国際環境が許容したからである。あるいは、国際環境にある程度まで適合していたからだということができるかもしれない。しかし、もはやそうした「幸運」は続かないであろう。

山本五十六の「百年兵を養うは一日これを用いんがためなり」とする名言は、千差万別の脅威が進行形でじわじわと迫っている現在に適用できるのであろうか。一刻も早く平素から軍事と非軍事を総合化した安全保障政策が望まれている。安全保障は国家の「共通善」にほかならないのだから。

【参考文献】

植村秀樹（1995）『再軍備と五五年体制』木鐸社

大嶽秀夫編（1991）『戦後日本防衛問題資料集』第一巻、三一書房

ドナルド・キーン、司馬遼太郎、安部公房（2013）『ドナルド・キーン著作集　世界のなかの日本文化』第九巻　新潮社

ジョン・ルイス・ギャディス（2018）『大戦略論』（村井章子訳）早川書房

小宮豊隆編（1993）『寺田寅彦随筆集』第五巻、岩波文庫

西川吉光（２０１０）「日本の戦略文化と戦争」『国際地域学研究』第一三号

ローレンス・フリードマン（２０１８）『戦略の世界史——戦争・政治・ビジネス（上）』（貫井佳子訳）日本経済新聞出版

柳田国男編（１９７６）『日本人』毎日新聞社

Harold P. Ford（1998）"The CIA and Double Demonology : Calling the Sino-Soviet Split," *Studies in Intelligence*.

Paul Yingling（2007）"A failure in generalship," *Armed Forces Journal*.

第1章

分化と統合

自衛隊の
次元と領域の拡大

はじめに

(1) 四字熟語

防衛庁が防衛省になり市ヶ谷に移った今ではあまり語られないが、かつて六本木に防衛庁があった時代には、陸海空の三自衛隊の特色を表す四字熟語が頻繁に使われていた。陸海空自衛隊四字熟語は、語る人によって様々なバリエーションがあったが、広く使われていたのは、陸上自衛隊は「用意周到、動脈硬化(頑迷固陋)」、海上自衛隊は「伝統墨守、唯我独尊(一致団結、または頑迷固陋)」、航空自衛隊は「勇猛果敢、支離滅裂」であった。

陸上自衛隊が「用意周到、動脈硬化(頑迷固陋)」とされたのは、どんな小さな案件でも、事前に詳細に詰めて準備するというイメージがあったからである。海空自衛官から見ると、陸上自衛官は完全性を目指すため、細かな表現にこだわり、修正を嫌うというイメージがある。

陸上自衛隊は人数が最も多く、大きな組織を動かすには事前の周到な準備と時間が必要であり、一度決定した事項を変更しようとすると、その調整や変更には多大な労力が必要なため、修正を嫌うという傾向があり、大部隊を運用する陸上戦闘の特性に根差していると思われる。また陸上自衛官には、長年の陸上部隊勤務を通して、「部隊の重さ」という感覚が身についている。この感覚は、陸上自衛隊の指揮官や幕僚は、大部隊を動かすために必要な調整、手順、時間を常に考えなければならないことから身についたものである。

海上自衛隊には、旧海軍の良き伝統を継承しているという誇りがある。今でも、旧海軍の「五省」（「至誠に悖《もと》るなかりしか」「言行に恥づるなかりしか」「気力に欠くるなかりしか」「努力に憾《うら》みなかりしか」「不精に亘るなかりしか」）といった伝統的な言葉を大事に受け継いでいる。陸空自衛隊に比べて、海上自衛隊は過去の歴史に対するこだわりが強く、旧海軍の山本五十六や山口多聞といった理想の海軍軍人像への尊敬が、脈々と生きている。また海上自衛官は、一つの船のなかで苦楽はもとより生死をともにするという勤務環境にあり、陸空自衛官とは違った意味の団結の強さがあるとも言われている。

航空自衛隊は、スクランブルに象徴されるように、突然の敵の接近に即応して行動するフットワークが求められることから、判断が早く、事前の準備というより融通無碍に行動するように見える。さらに、旧軍の影響や継承する伝統がない組織のため、過去のことに対するこだわりが陸海自衛隊よりも薄い。そのためか、陸海の自衛官からは、航空自衛官は何を考えているのかわからないと思われがちであった。

筆者が陸上幕僚監部（陸幕）で勤務しているときに海上幕僚監部（海幕）と航空幕僚監部（空幕）の幕僚、特に空幕の幕僚に感じたことがある。それは「周到に行うべき事前準備や文章表現が曖昧なこと」であり「思考過程が一定でなく、言語表現が緻密でないこと」であった。

陸幕で勤務する自衛官は、陸上自衛官の共通言語として、「野外令」と「野外幕僚勤務」の文章が頭に入っていて、「原則」や「目的と目標」や「特に留意する事項」といった用語を厳密に使用し、幕僚活動の手順もきちんと踏んで、互いに誤解のない効率的なやり取りをしている。これは、指揮幕僚課程（陸上自衛隊ではCGS課程という）の厳しい受験（一次の筆記と二次の面接）を経ることで陸幕勤務者が身につけているスキルでもある。

旧軍の陸軍大学校の伝統を受け継ぎ、「野外令」「野外幕僚勤務」「職種教範」を徹底して暗記していないと書けない論文形式の一次試験と、二次試験では、自己の職務の内容、目的、その準拠をマンツーマンで問われるとともに、図上戦術では思考過程や論理性を徹底的に質問される。こうした試験を通して、陸上自衛隊の上級幹部は、鍛えられ身体化させられる（CGS以外のTACやFOCと呼ばれる幹部上級課程も同じである）。

こうした理由で、「用意周到」な陸上自衛官から見ると、海空自衛官が「用意適当」、事前準備が行き当たりばったり（臨機応変というより支離滅裂）のようで、海空自衛官から見ると「頑迷固陋」な陸上自衛官にとっては、海空自衛官の「思考過程を踏まない」自由すぎる発想のため議論が嚙み合わないことに苛立《いらだ》つ場面が少なくなかった。

このような三自衛隊の性格あるいは気質の相違は、その前身である旧日本軍にあった相違だけでなく、各国の軍事組織にも共通しているようだ。こうした陸海空の気質の違いは、組織の分化とも関係していると思われる。

(2) 軍事組織の分化

軍事組織としての陸軍、海軍、空軍の三軍はそれぞれ、陸上、海上、上空という環境を組織の主戦場（環境）として戦っている。こうした陸海空の環境特性によって、陸海空軍の組織構造や組織メンバーの目標志向性、時間についての志向性、空間についての志向性、対人志向性などが違ってくる。

陸海空軍の目標志向性の違いは、陸軍は土地（地域）を奪取することが目標であり、海軍は海域（制海権）を確保することが、空軍は空域（制空権）を確保することが目標になるということから生まれる。

陸海空軍の時間志向性については、陸軍は日単位で、海軍は時間単位で、空軍は分単位で作戦を立てるとよく言われている。陸軍の将兵の時間感覚は、時速四～五キロメートルで前進する徒歩兵や時速一〇～三〇キロメートル程度で前進する戦車兵による戦闘から生まれる感覚であり、海軍は時速二〇～四〇キロメートル程度で航行する艦艇から水兵の時間志向性の感覚が生まれ、空軍は時速一〇〇～一〇〇〇キロメートルで高速飛行する航空機からパイロットの時間志向性が生まれる。同じように陸海空軍の空間志向性も歩兵、艦艇、航空機の行動半径が深く関わっている。

陸海空軍の対人志向性もそれぞれの環境特性に関わっている。陸上戦においては部隊単位の対人戦闘が基本である。部隊の規模は、小隊で三〇名程度、中隊で一〇〇～二〇〇名、大隊で三〇〇～五〇〇名、連隊で一〇〇〇名、師団で約一万名、というように海軍や空軍よりもはるかに将兵の数が多い。したがって、部隊を運用するためには、指揮官による部隊規模ごとの命令・号令が必要である。それぞれ個人の意思を持った人間を動かすための適時適切な指揮・統率が不可欠であり、陸軍は、海空軍よりも人間中心の組織となり、特に人間関係や精神性が重視されるようになる。

海軍は、艦艇に乗船し戦闘することから、精神性を重視する陸軍と違って、船舶を運航する技術者としての志向性が生まれる。空軍は、航空機のパイロットを中心にして、航空機の整備、補給、さらに滑走路などの空港施設を運用することから空軍固有の志向性が生まれる。

こうして陸海空軍は「分化」していったが、それぞれの組織の特性や志向性が異なることもあり、有事の作戦遂行のみならず、平時においても、予算や人員や兵站の分配などをめぐって対立が起こりがちであった。

(3) 分化と統合

軍隊組織に限らず、組織の近代化にとって機能分化は必要であり必然でもある。しかし、分化することで、各々の機能を担当する部門間の対立も生まれる。この矛盾にどう対処すればよいのか。

ローレンス&ローシュは、「よりダイナミックな環境に有効に適応している組織は、組織内の機能をより分化させると同時に、より強力な統合機能を発達させている」と結論づけている。ここでいう「分化」とは組織構造上の違いだけでなく、管理する方法や考え方の違いの分化でもある。

組織を取り巻く環境の不確実性が高まるにつれて、組織はそれを構成する部門の構造や組織のメンバーのやり方を、直面するそれぞれの環境に合わせて多様化させなければならない。ところが、組織が分化するだけでは、それぞれの部門間の動きがバラバラになり、その組織は最終的には崩壊してしまう。したがって、組織内の分化が進めば進むほど、質の高い統合が必要になってくるとローレンス&ローシュは言っている。

ローレンス&ローシュによると、「統合」とは、環境が必要とするものに応えるための部門間の協力状態のことである。それを明確にするために、彼らは部門間の相互依存関係がどのようなパターンになっているのか、統合のための組織構造はどのようになっているのか、統合のための行動はどのようなものなのかを明らかにすることが重要であると考えるようになった。

その疑問に答えを見出すことは、部門同士が対立した場合、どのようなやり方で対立が解決されているかを明らかにすることでもあった。彼らの調査結果によると、不確実性の高い環境に有効に適応している組織は、「分化」の度合いも高いし「統合」の度合いも高いという特色を持っていた。つまり、優れた組織は、「分化」と「統合」の相反する関係にある状態を同時に極大化させているということであった。

では、自衛隊はどうなのか。自衛隊は「分化」と「統合」を同時に極大化させているだろうか。本章では、旧日本軍の分化と統合の経験を検証し、その経験を「学習」したはずの自衛隊の分化と統合の問題を考察する。その際、筆者の三六年間の陸上自衛官としての勤務経験や、退職後の防災監として自衛隊組織を外から俯瞰して他の組織との相違を学べた実践経験を通して、問題を考察した。

1　旧日本軍の分化と統合

(1)　陸海軍の対立

太平洋戦争末期にまとめられた「陸海軍人気質ノ相違──主トシテ政治力ノ観察」では、陸海軍の本質的相違について興味ある指摘がなされている。

それによると、第一に、陸軍は陸を戦場とし、歩兵を主体としているため、指揮統率のいかんに左右され、主体的・意欲的にして精神主義を重んじる。一方、海軍は艦隊と艦隊との戦闘を基本とするため、戦術力、機械力、そして理論的な思考力が必要であり、自然科学的で、合理的である。

第二に、国民との関係から見ると、陸軍は国民と接触する機会が多いため、政治、経済、思想等に関心を抱く。それに比して海軍は、住民や地域社会から隔離した性質を持っている。この違いから、戦争末期、敗色濃厚となっても、本土決戦や国土・国民保護をめぐって陸海軍が認識を統一することは極めて難しかった。

太平洋戦争は日本にとって総力戦だったが、陸海軍は個々に戦い、統一した戦略もなく、互いに協働することはなかった。それ以上に、陸海軍間には深刻な対立があった。陸海軍は、兵員、労働者、生産工場および資材等の配分をめぐって争奪戦を繰り広げ、特に航空機や航空燃料の配分に関しては対立が深刻だった。陸軍は海軍に依存せずに済むよう独自の船舶輸送部隊を有し、海軍は自己の担任する作戦地域では海上戦闘ばかりではなく、陸上戦闘や占領行政まで行っていた。

こうして、旧日本軍は、大本営という統合組織を持ちながら陸海軍が対立して統合が機能せず、陸軍はソ連、海軍はアメリカという目標志向性の違いも最後まで調整、統合することができず敗戦に至った。

(2) 空軍の独立問題

旧日本軍において、空軍を陸海軍に並ぶ第三の軍種として独立させるべきであるとの意見は早くから存在していた。第一次世界大戦末期の一九一八年に陸軍の参謀本部第三部は空軍創設に関する意見を提出し、翌年にも陸軍内から空軍独立論が提唱されたが、陸軍内でコンセンサスを得ることはなかった。この段階で独立空軍を保有していたのは、世界でイギリスのみであった。

一方海軍では、航空母艦の必要性を早期に認識し、一九一九年、世界に先駆けて設計当初から空母として計画された「鳳翔」を起工した。しかし独立空軍を創設することについては、用兵上の問題が指摘され、海軍としては反対であった。

こうして一九二〇年、陸海軍航空協定委員会が設置され、そのなかで空軍独立問題について調査研究がなされたが、海軍の反対と陸軍内部の意思不統一によって、引き続き陸海軍に航空部隊を分属させるとの結論に終わった。これは陸海軍合同で、かつ公式に空軍独立問題について検討した唯一の機会であった。

一九三〇年以降、陸軍航空関係者から海軍航空関係者に対して空軍独立についての呼びかけがあったが、海軍側の反対によって公式の検討委員会を設置することなく終わった。この後、陸軍では、航空部隊が地上作戦支援に対してより貢献することが求められるようになった。海軍では、海軍の空軍化を主張した一九四一年の井上成美中将の提案があったものの、海軍主流からは黙殺された。航空戦力の重要性は認識されたが、依然として補助兵力と見なされていた。航空兵力の技術的な進歩によって、欧米では独立空軍への道が開けつつあったが、旧陸海軍はそれを認めなかった。こうして日本では、空軍力を陸海軍それぞれに分属する形で第二次世界大戦を迎えることになった。

太平洋戦争では陸海軍は、航空戦力が単に航空機の戦力のみではなく、飛行場の建設技術、航空機の生産能力、搭乗員等の養成能力、通信、航法、早期警戒、気象、暗号解読の能力など、総合的な国力からなることを理解せず、気づいたのちの対策も遅れ、敗戦を迎えた。こうして、旧日本軍という組織における空軍への「分化」は不十分に終わった。

2 自衛隊の誕生と分化

(1) Self-Defense Force

筆者がアメリカに留学した際、クラスメートたちに「Ground Self-Defense Force（陸上自衛隊）出身です」と言うと爆笑されたが、Ground Self-Defense Force は Japanese Army のことだと言うと全員納得してくれた。それ以降、筆者の自己紹介は、冒頭で Ground Self-Defense Force とボケて、「なんだその軍隊は?」という笑いをとることが習慣となった。

日本だけではなく、中国、ロシア、ドイツ等の国々では、国際法上の「自衛」と国内刑法上の「正当防衛」とは別の言葉として確立している。しかし、米英等の国々では国際法でも、国内刑法でも Self-Defense という同一語で表現する。そのため、一般の米国民は、Self-Defense が国際法上の「自衛」でもあることを知らない。多くの米英市民にとっての Self-Defense とは、自分（個人）の身を守ることである。彼らの感覚から言えば、「Self-Defense Force」というと自分を守る軍隊と聞こえる。国家や国の秩序を守る軍隊ではなく、自分の身を守る軍隊という意味に聞こえるのである。

日本において法律を論ずるとき、「正当防衛」は国内法上の言葉であり、「自衛」は国際法上の言葉として明確に区別されている。テレビでこの点を混同し、国の防衛を市民生活の「正当防衛権」にたとえて「自衛権」を述べているコメンテーターを見かける。こうした誤解（または意図的な混同）が、「集団的自衛権」に関する不毛な議論をもたらしている。

このような、世界標準ではない名を持つ「自衛隊」の創設は、敗戦国として占領国アメリカの主導のもとで進められた。

（2）陸上自衛隊の誕生

朝鮮戦争勃発（一九五〇年六月二五日）直後の七月八日、連合国軍最高司令官のダグラス・マッカーサーは、七万五〇〇〇人の国家警察予備隊の創設を許可する、いわゆるマッカーサー書簡を日本側に伝えた。八月一〇日、総理府の機関として創設された警察予備隊の目的は、「わが国の平和と秩序を維持し、公共の福祉を保障するのに必要な限度内で、国家地方警察及び自治体警察の警察力を補う」（警察予備隊令）ことであった。

一九五二年四月二八日にサンフランシスコ講和条約および日米安保条約が発効し、日本の独立により、ポツダム政令にもとづいて作成された警察予備隊令は廃止となり、これに代わって保安庁法が七月三一日に制定・公布され、翌日保安庁が設置された。

これで警察予備隊令にあった「国家地方警察及び自治体警察の警察力を補う」という文言が削除され、警察からの分化というよりも、独立性が鮮明になり、軍事的性格が強められた。このとき、警察予備隊を前身とする保安隊の定数は一一万人であった。

一九五三年一月に誕生したアイゼンハワー政権は、朝鮮戦争後のアジア戦略展開のため、日本を極東の安定勢力として強化・育成する政策をとった。そのため、新たに日米両軍の指揮および戦術面での相互運用性に重点を置く方針を固め、従来の陸軍偏重から陸海空三軍のバランスを配慮した再軍備路線へと切り替える政策を打ち出した。

またダレス国務長官は「日本に対し相互安全保障法（ＭＳＡ：Mutual Security Act）援助を行う用意がある」と表明し、これに応じて吉田茂首相は池田勇人自由党政調会長を特使としてアメリカに派遣し交渉にあたらせた。同年一〇月から行われた池田とロバートソン極東担当国務次官補の会談（池田・ロバートソン会談）での焦点の一つは、保安隊（陸上兵力）の増強問題であった。

池田は、陸上兵力を一八万とする案を提示した。米軍の一個師団は三万二五〇〇名（内訳は戦闘部隊一万二五〇〇人、兵站部隊二万人）だが、米軍は遠征軍であり日本の兵站特性を考慮すると保安隊一個師団に必要な兵站部隊は六〇〇〇人であるとし、戦闘部隊は一〇個師団で一二万五〇〇〇人、プラス兵站部隊六万人として、端数を切り捨て一八万人としたのである。

米軍は日本側のロジスティクスの考えや後方戦力の必要性に対する認識欠如に強く疑問を呈したが、米側は、とりあえず当面の案として協議を進めた。日本側の問題は、こうした軍事知識が不可欠な議論において、当初から保安庁が蚊帳の外に置かれ協議にまったく関与していなかったことであり、当然、軍事専門家の意見も排除されていたことであった。

こうして、軍事的根拠の薄い陸上戦力に関する議論が、その後、保安庁内でも対米公約と見なされ、こうした数字が後の陸上防衛力整備に重大な影響を及ぼすことになっていった。

一九五四年七月一日、防衛庁・自衛隊が発足した。自衛隊は、保安隊・警備隊を引き継ぐ陸上・海上自衛隊と、新たに創設された航空自衛隊からなり、これに併せて、防衛庁長官の幕僚機関として陸上・海上・航空幕僚監部が設置された。発足時の陸上自衛隊は、保安隊時の定数一一万人から二万人増員した一三万人、一個方面隊六個管区隊体制でスタートした。

一九五五年から在日米軍地上部隊の撤退が始まった。これはアイゼンハワーの政治判断によるものであったが、日本側では米地上戦力の撤退を踏まえて陸上自衛隊の整備を進めていった。陸上自衛隊の定数は一九五五年に一三万人から一五万人へ、一九五六年には一六万人、一九五八年には一七万人と増員された。日米合計した日本の陸上戦力を見てみると、本格的な米軍の撤退が始まった一九五七年から一九六〇年までは一八万人程度で推移している。

一九五七年五月の国防会議および閣議で「国防の基本方針」が決定され、第一次防衛力整備計画で、陸上自衛隊が「一八万人を整備目標」とすることになった。

一九五九年頃から方面管区制に関する議論が本格的に始まり、戦術構想の変化および地形に対する適応性の検討の結果、師団一単位あたり九〇〇〇名程度の編成が適当であり、部隊配置は最小限一三単位が必要とされた。これに応じて改編事業が進められ、陸上自衛隊はこれまでの管区隊等の編成を見直し、日本の特性を踏まえた新たな師団編成・配置と方面管区制を導入した。一九六二年には五個方面隊、一三個師団の編成が完結した。

この方面隊を中心とした体制は、二〇一八年三月の陸上総隊や水陸機動団の創設まで継続し、陸上自衛隊の基本的な体制となったが、池田・ロバートソン会談当時からアメリカ側が懸念していた軍事的根拠の薄い定員数問題は解決されたとは言えない。

(3) 海上自衛隊の誕生

一九五二年、日本は独立国として海上警備力の強化を行うことができるようになった。こうして海上保安庁から独立した新たな組織を設立することが検討、準備され、一九五二年四月二六日、海上警備官五九四七人、事務官など九一人による「海上警備隊」が発足した。同年八月一日、保安庁の発足とともに「海上保安庁」から「保安庁」へ海上警備隊が移管された。「海上警備隊」の名称も海上が消えて「警備隊」と改められた。一九五四年七月、防衛庁・自衛隊が発足し、「警備隊」は「海上自衛隊」と名称が改められ、現在に至っている。

戦後、日本の海軍力再建を目指した「新海軍再建委員会」で海上防衛力の目的は、第二次世界大戦の教訓を踏まえ、「国土の防衛」および「海上交通の確保」の二つに集約された。一つ目の「国土の防衛」については、のちに「五一大綱」(一九七六〔昭和五一〕年決定の「防衛計画の大綱」)で「侵略の未然防止」と「侵略対処」が示された。当時の海上自衛隊の任務としては、海上における侵略等への対応、沿岸海域の防備、重要港湾や主要海峡等の警戒、周辺海域の監視哨戒および海上護衛であった。現在でも、海上自衛隊のこうした基本的な任務に変化はない。

二つ目の「海上交通の確保」は、戦後、日米同盟を基軸として展開する米海軍によって支えられてきた。一九八一年になって、日本独自の海上防衛力による「海上交通の確保」の構想が、いわゆる一〇〇〇海里シーレーン防衛として当時の鈴木善幸首相により日米首脳会談後の記者会見で表明された。当時は有事を念頭に置いたものであったが、「海上交通の確保」の概念は、ときを経るにつれて、有事から平時へ、地域も日本周辺のアジア太平洋からインド太平洋へと広がっていった。「〇七大綱」（一九九五〔平成七〕年決定の「防衛計画の大綱」）では、防衛力の役割に「より安定した安全保障環境への貢献」が加わった。そこには国際社会における安全保障という観点から、有事から平時への大きな転換が見られた。以来三〇年にわたり海上自衛隊は中東地域でのプレゼンスを維持し続けている。さらに、二〇一九年一二月の「自由で開かれた海洋に向けて――海上自衛隊戦略指針」では「我が国の領域及び周辺海域の防衛」「海上交通の安全確保」「望ましい安全保障環境の創出」が挙げられるようになった。

（４）航空自衛隊の誕生

一九五二年、航空自衛隊創設以前に、旧軍関係者によって日本の空軍創設に関する意見書がまとめられている。空軍創設については、旧陸軍関係者による研究と旧海軍関係者による研究があった。

このように研究が二つに分化していた理由は、旧陸海軍の航空兵備思想が違うために戦後の再軍備に関する研究活動も陸海別々に行わざるを得なかったことにある。最終的に研究は合同研究として提出されたが、それは、再軍備にあたり国防の基本をなすのは空軍であり、その空軍の再建が遅れていることに対する焦燥感が航空関係者にあったからであった。

旧陸軍関係者が旧海軍関係者を説得して「合同意見書」を提出することになったが、その説得にあたっては、大戦中のわだかまりは捨てて、まず防空主体の航空防衛力を建設し、規模が拡大した時点で海洋作戦も視野に入れた航空防衛力を育成することにし、ともかく空軍の芽を吹かせよう、と述べたという。

このように、旧陸海軍の航空関係者に共通する最大の懸念は、陸海軍の再軍備（陸海自衛隊）が先行して整備されていくなかにあって、航空再軍備（航空自衛隊）が取り残される状態になることだった。しかし、結果的に、こうした研究は航空自衛隊の創設には生かされなかった。航空自衛隊の創設には、アメリカ側の働きかけが大きかったからである。

一九五一年末、米統合参謀本部はそれまでの方針を変更し、将来、日本に空軍を創設させることを承認した。さらに一九五二年八月、日本に適切な空軍力を発展させるよう支援することを内容とするアメリカの国家安全保障会議の決定が大統領に承認され、九月には、この方針転換を受けて立案された米空軍参謀本部の日本空軍創設案が統合参謀本部に承認された。米空軍は、日本空軍創設の動きが陸海軍のそれに比して遅れているとも主張した。

一九五三年一〇月五日、航空防衛力整備の研究に関し、保安庁長官等を補佐するため専任の要員を配置して制度調査委員会別室が開設された。これは将来的な航空部隊創設に関する研究を行うための組織であった。一方、一一月五日、米軍事顧問団も航空班を新設し、日本の航空部隊建設に対する支援体制を強化した。

同月、米国防総省が空軍省起案の「日本空軍建設支援計画」、いわゆるブラウン・ブックを保安庁に提示し、これを受けて制度調査委員会別室が中心となって、ブラウン・ブックの航空防衛力整備計画該当部分の修正作業を実施し、これが航空自衛隊編成装備の骨格となった。こうして、日本は米軍の支援計画ブラウン・ブックにもとづいて航空防衛力の建設計画を策定し、中央機構整備の検討にあたっても、アメリカにおける機構の在り方について在日米空軍将校の意見を参照した。

一九五四年七月に航空自衛隊は創設された。日本側で航空自衛隊の主な担い手となったのは、旧陸海軍の航空関係者であった。彼らの空軍創設の提案は採用されなかったが、占領中から航空自衛隊誕生までの間に日本の航空兵力再建のために研究を行っていた者たちが、新生航空自衛隊の担い手となった。

航空自衛隊の幕僚長を見ると、初代が内務官僚出身の上村健太郎であったのを除き、旧軍出身者は第二代から第一七代までの一六名であり、そのうち旧陸軍が一〇名、旧海軍が六名となっている。航空幕僚副長は初代から第二一代まで二一名が旧軍出身者であり、そのうち旧陸軍が一七名、旧海軍が四名であった。

航空自衛隊が創設されたとき、終戦後約一〇年が経過し、航空機はプロペラ機からジェット機へと移行していた。航空自衛隊は創設にあたり、アメリカから航空機の操縦法だけでなく、航空警戒管制に象徴されるような新たなコンセプトや組織を導入することになった。こうして航空自衛隊は、装備品、機材などのハードを全面的にアメリカに依存したことはもとより、種々の教育等のソフトもアメリカ式を学ぶことで出発した。

一九五四年一二月に在日軍事援助顧問団から部隊建設五カ年計画に必要な技術教育計画表が提示され、米空軍の指導と援助にもとづく部隊づくりのレールが敷かれた。創設期の航空自衛隊の急速な立ち上げは、米空軍の近代的な計画と管理の裏づけがあったからこそ実現できたとも言える。

パイロットの育成も教育実施も資材補給も米空軍の丸抱えであったが、米軍方式は当時の航空自衛官にとっては驚きであったようだ。教育法は科学的かつ論理的で効率が良く、教材も教範、技術指令書、手引書（ハンドブック）など自学自習にも配慮され、旧軍時代の徒弟制教育方式とは次元が違っていた。管理面でも、運用、業務、品質、安全の各方面において標準化、基準化、細部手順が整理されており、航空自衛官にとっては、人為的なミスや怠慢がなければ事故や故障が生じない万全なものに思えた。

こうした優れたシステムに対して、日本側の大きな問題は英語であった。しかし、外国語という大きな壁に直面し、訓練内容の緻密さと厳密さに戸惑いながらも、草創期の航空自衛隊では米軍方式を全面的に受容していった。

また旧陸海軍と戦後の航空自衛隊の間の明確な違いは、AC&Wすなわち航空警戒管制によるコマンド・アンド・コントロールという新たな概念が入ってきたことだった。それにもとづいて組織的な防空戦闘が行われ、そこにミサイル・システムが加わるという、旧陸海軍とはまったく違ったコンセプトの空の戦い方が航空自衛隊に導入された。

一方で人員養成に関しても、米空軍の強力な指導があった。その基本は、前述のブラウン・ブックとともに米軍顧問団から提示されたピンク・ブックであった。それは「日本空軍創設支援のための飛行・技術訓練計画」であり、表紙の色から別名ピンク・ブックと呼ばれていた。予算はもちろん、あらゆる航空自衛隊の動きが、このピンク・ブックによって律せられた。

こうして航空自衛隊は米空軍の指導のもと、旧陸海軍出身者や一般大学出身者等による、いわゆる寄り合い所帯として出発したが、組織をつなぎ留める精神的な紐帯を戦前に求めた。その一つが、陸軍航空士官学校で用いられた「陸軍航空士官学校生徒心得要領」である。そこでは、身につけるべき重要な精神要素の一つとして「積極進取」が掲げられている。航空自衛隊では、エアマンシップとして、この「積極進取」を含む「迅速機敏」「柔軟多様」の三つの徳目を掲げている。ただし、これは文書等で明文化されているわけではなく、また海上自衛隊が旧海軍の「五省」をそのまま用いているのとも違うものである。

―３―自衛隊の分化をめぐる事象

⑴ 高射部隊をめぐる対立

航空自衛隊が創設された直後、陸上自衛隊（陸自）と航空自衛隊（空自）との間で高射部隊の帰属をめぐって対立が発生した。この対立は、政策上の問題へ発展し、妥協点が見出せず、先送りの連続となった。最終的な結論として、部隊建設を実質的に担任した陸自に低高度の地対空ミサイル（ＳＡＭ：Surface to Air Missile）のホークを、全般防空を担任する空自に高高度ＳＡＭのナイキをそれぞれ帰属させることになった。

ここでは、最近利用可能になった当時の内局、統幕、陸自、空自の関係者の回想証言等資料にもとづき、自衛隊における高射部隊の分化と対立の経緯を解説する。

戦後日本における高射防空は、日本国内に配置された米軍高射部隊が行っていた。自衛隊創設期には陸自は地上部隊、空自は飛行部隊の建設と育成に注力していたため、陸自も空自も高射部隊に目が向いていなかった。一方で、陸自と空自との間には当初の防衛力整備計画において、高射部隊建設に関する大まかな協定が結ばれていた。しかし、それが具体化しないうちに在日米陸軍高射部隊が解体撤収することとなり、高射防空に関する帰属問題が発生したのである。

一九五七年五月、米陸軍高射部隊の解体撤収が表面化した。突然、全国に配置されていた在日米陸軍の高射部隊が早ければ一九五七年内に、遅くとも一九五八年に解体されることになったのである。こうして、日本は独力での高射防空の対応を迫られることになった。

当時の陸幕第三部長は、「当時、陸自の高射砲部隊の構想が漠然としていた一方、陸自が米軍撤収後に引き継ぎがないのであれば空自がやるとしていた空自にも確たる計画がなく、どちらが高射部隊を持つかで泥縄式の綱引きが始まった」と、のちの座談会で語っている（西田裕史「航空自衛隊草創期の高射部隊帰属問題についての考察」１６０頁）。

陸自の主張は、「ナイキ及びホークは高射砲を改良発展させたものであり、当然陸自に属すべきだ。さらに、ナイキ・ホークの建設・維持・補給整備を一体化して管理したほうが効率的である上に、陸自は現有の人員施設で容易にそれが可能であり、陸自がナイキ・ホークを保有した上で防空作戦においては空自の統制を受ければ良い」というものであった。

一方、空自の主張は、「主要都市・基地防空で飛行部隊との間隙と低空域を補完するためにナイキが必要であり、防空作戦で航空機とＳＡＭは航空部隊指揮官の統一指揮下に置くべきで陸自が主張する統制では不十分である。防空作戦の特性上も情報収集から目標割り当てに至るまで精密迅速を期するために、平時から統一指揮下での管理・訓練が不可欠である」というものであった（西田裕史「航空自衛隊草創期の高射部隊帰属問題についての考察」１６２頁）。こうして陸自と空自は相互に自らの合理性を主張して譲らず、容易に妥協点を見出せない対立となっていった。

一九五九年七月一五日、高射部隊帰属問題は統合幕僚会議において、方針がひとまず示された。その方針は「原則として高高度および長距離ＳＡＭは空自、低高度ＳＡＭは陸自、艦船用ＳＡＭは海自がそれぞれ担任し、暫定措置として統幕事務局に誘導ミサイル（ＧＭ：Guided Missile）別室を設ける」といった内容であった。

しかし、この決定では、まだ原則としての担任区分を示すことにとどまり、問題となっている高射部隊の帰属については明言されていなかった。さらに、導入から運用に至るまでの事項も今後の課題として示されていなかった。この曖昧な統幕の決定が、高射部隊帰属問題を長期化させることになった。

こうした曖昧な決定のもと、高射部隊の訓練編成と教育訓練のためのアメリカ派遣が開始された。編成完結は千葉県・下志津の陸上自衛隊高射学校で行われたが、大蔵省が陸自・空自の両方とも編成することに批判的であったため、アメリカ派遣が予算の都合で一個大隊に制約され、内局では陸自・空自のいずれの部隊を派遣するか議論が続いた。

統幕は派遣部隊を陸自・空自の統合部隊に改編して運用すると表明したが、陸幕は当面、行政管理的機能を有しない統幕には任せられないと反対した。議論は派遣ギリギリまで続いたが、一九六〇年一一月に形式上、陸自の部隊として派遣することになった。つまり、空自要員を陸自に転官して教育訓練のために派遣し、終了後、所属をいずれかに統一することになった。

具体的には、派遣する人数は四五名の陸自・空自の混成で、その割合は陸自が三分の二、空自が三分の一で、航空自衛官は陸上自衛官の制服を着用することになった。彼らは陸上自衛隊高射学校のロケット実験訓練隊で事前に素養検査を受けて選抜されたものであったが、その多くが、幹部は防大一期から三期、陸曹（下士官）は陸上自衛隊少年工科学校（現陸上自衛隊高等工科学校）の出身者であり、アメリカにおける教育訓練では成績抜群でアメリカの関係学校当局者を驚嘆させたという。

一九六一年、陸自と空自の高射部隊帰属問題は、幕僚長同士の議論にまで発展した。五月一五日、西村直己防衛庁長官は杉田一次陸幕長と源田実空幕長に所属問題決定のために意見を求めた。杉田陸幕長は、ナイキやホークを陸自に所属させることが国家の利益であると二時間にわたり長官に訴えた。一方、源田空幕長は、統一指揮の見地からナイキを空自に所属させることを訴えた。陸幕長は、自分の意見が採用されないのであれば、この際空幕長に陸空両自衛隊を統一指揮させるのが適当だとさえ言い放った。

西村防衛庁長官は、問題決着の断を下すことなく、七月の内閣改造によって防衛庁を去った。この問題は決着がつかず、統幕の会議で林敬三統幕議長から一九六三年七月一日をもってナイキ部隊を空自所属とする旨の意見が表明されたが、杉田の後任の大森寛陸幕長が反対し、結論は出なかった。

結局、門叶宗雄事務次官が統幕議長案を尊重すべきだと示唆し、庁議で最終決定がなされた。第一次ナイキ大隊は陸自で編成し、一九六四年四月一日に空自に移管、第二次ナイキ大隊は空自で編成し、ホークは陸自の所属となった。

以上のように帰属問題は決着したが、その過程では様々な意見が表明された。陸自にすべて帰属させると強くなりすぎるという懸念。戦時における陸自と空自の一元化というが、実戦では防空統制機能が寸断されるので一元化は現実的ではないという意見。ミサイルが将来的兵器となるので陸自にもミサイルを持たせて慣れさせる必要があるという意見があった。

当時の林統幕議長は、議長在任中の一〇年間で唯一意見が合致しなかった事例が帰属問題だと振返っている。林は、陸自にも空自にも一定の理屈があったと述べ、杉田陸幕長、源田空幕長は両者ともに信念の強い人だったから、無理に決めて摩擦を起こすべきではないと考えていたと述懐している。

当初から高射部隊の建設の主体であった陸自と、今後の日本の防空全般を担う空自の主張は、どちらも軍事合理性の観点から見て正論であり、そのため曖昧に結論の先送りを繰り返して問題が長期化した。さらに、ガダルカナルへ派遣された大本営参謀として断固撤退を主張しガ島撤退計画を立案した陸軍出身（陸士三七期）の杉田陸幕長と、真珠湾攻撃で活躍したがミッドウェーでは敗れた海軍航空参謀出身（海兵五二期）の源田空幕長の主張が対立し、旧内務官僚出身の林統幕議長では解決できず、最終的に長官（実際には事務次官）の決断を待つ以外の選択肢がなくなったのであった。

航空自衛隊は米空軍主導のもと、米軍の装備と組織を引き継ぐような形で創設され、航空自衛隊は完全な防空部隊として誕生した。しかし、最近の米軍の傾向を見ると、米空軍のドクトリンでは「防空」という概念は希薄になっている。米空軍は外征軍であることから、現在は「防空」概念は必要ないと言えるかもしれない。終戦直後の占領時期に日本の防空ミサイルは米陸軍が担任していたように、現在、米軍では防空は陸軍が主に行っている。

そうした点からすると、二四時間、国土の全周警戒を行っている航空自衛隊は世界でも珍しい存在となっている。諸外国の空軍の傾向は、二四時間全周防空といった負担を軽減し、米空軍のような本来任務に変わりつつある。しかし、空自が防空部隊から（標準的な）空軍へと変わろうとしても「組織防衛」というバイアスがかかり、大胆な組織改編には抵抗があるようである。

だが、少なくとも対空ミサイル部隊に関しては、陸自・空自の「分化」を見直し、諸外国の趨勢に沿って「統合」部隊とし、陸自に担任させるといった議論を再開すべき時期が来ている。

こうした再統合の議論は、国家戦略の観点からも求められている。二〇二二年一二月一六日に閣議決定された、いわゆる安全保障三文書の「国家防衛戦略」は、これまで曖昧だった抑止力を明確に定義し、防衛力を抜本的に強化すべき「七つの重視分野」を挙げている。その筆頭に挙げているのが「スタンド・オフ防衛能力」である。そこでは、発射位置・プラットフォームの多様化と高速滑空飛翔や極超音速飛翔といった迎撃困難な能力の多様化に対応するため、迎撃能力の質・量ともに重層化を図る方針が示された。

「七つの重視分野」の二番目には、従来の「総合ミサイル防空能力」から表現が改められた「統合防空ミサイル防衛能力」が挙げられた。これは、アメリカが推進している「統合防空ミサイル防衛（IAMD：Integrated Air and Missile Defense）構想」と同じような体制を構築しようとしていると解釈できる。IAMDでは、敵の航空・ミサイル攻撃を未然に防止するための策源地攻撃作戦が組み込まれていて、重層的な諸作戦の統合によって敵の航空・ミサイル攻撃の無効化を図るとしている。

「統合防空ミサイル防衛能力」のため、陸自は車両、海自は艦艇、空自は航空機をプラットフォームに、複数のスタンド・オフ・ミサイル運用能力を整備することになっている。特に陸自はその体制整備においてスタンド・オフ防衛能力を重視することが明確に示されており、今後かつてない規模で整備される地対地ミサイルや地対艦ミサイルが陸上戦力の中核になりつつある。さらに空自は、従来の空域から宇宙空間にまで、その任務が拡大しつつある。

こうした日本の国家戦略の変化を踏まえると、陸上自衛隊と航空自衛隊の境界を従来のように高度によって区分することが陳腐化し、かつ、ミサイルの射程に敵策源地まで含まれるようになると、地上発射ミサイルの棲み分けが曖昧になってきた。陸自と空自の高射ミサイルの再統合を検討すべき時期が来ているようだ。

（2）陸海空生徒制度の分化と統合

軍事組織の統合は部隊に関してだけ求められるものではない。軍人教育の面でも統合は極めて重要である。自衛隊の場合、旧軍の陸軍士官学校や海軍兵学校を統合した存在といえる防衛大学校の教育についてはよく知られているが、ここでは、あまり一般には馴染みのない自衛隊生徒制度について、分化と統合の視点から紹介したい。

生徒制度とは、中学校卒業生が陸海空自衛隊を受験して、下士官である曹の予定者として採用され、教育訓練を受ける制度である。制度開始は一九五五年からであり、陸海空自衛隊それぞれの生徒制度として発足した。

陸上自衛隊は神奈川県横須賀市武山地区に少年工科学校として、海上自衛隊は広島県・江田島地区

（一九五六年移転）に海上自衛隊術科学校（一九五八年より）として、航空自衛隊は埼玉県熊谷市の航空教育隊で、生徒教育が始まった。また、それぞれ高等学校卒業資格をとるために通信制高校と連携し、陸自は神奈川県立湘南高校、海自は広島県立広島国泰寺高校、空自は埼玉県立浦和高校といった各地域の進学校と提携した。

昭和五〇年代（一九七五〜八五年）に、当時の政府の行政改革への取り組みの一環として、防衛庁は各制度の見直しを行った。そのなかで生徒採用数について一九七九年度の採用から陸自生徒は五〇〇人から二五〇人へ、海自は一二〇人から六〇人へ、空自は一〇〇人から五〇人への縮小が検討された。これに合わせて、業務の効率化・合理化の面から、自衛隊生徒教育の統合について検討が始まった。検討においては、陸海空の三つの生徒教育を少年工科学校の所在地である横須賀の武山地区に統合し、共同機関として「自衛隊生徒学校（仮称）」を新設することが議論されたと言われている。

この統合案について、陸幕は、教務や運営上に困難さがあり施設の新設にコストがかかるとしながらも、原則として積極的な反対はしないとした。空幕は、統合に種々の不安要素はあるが、もともと生徒制度そのものに必ずしも積極的でなかったため、反対はしないという意見であった。

しかし、海幕は強く反対した。反対理由は、①海自の生徒制度は水測（潜水艦のソナー）、通信に特化した術科に限定し、術科の中核となる者の養成を目的としているため、統合による共通教育では術科に関する教育効果が低下する、②服務が陸上自衛隊方式となり、海上訓練（カッター・水泳）に制約が生じ、江田島の術科教育に比較して極めて不十分となる、③三級無線通信士認定校として改めて認定を受ける必要があり、直ちに認定を受けられる保証がない、④現在在籍中の生徒の高校通信教育（湘南高校）への編入が不可能で、経過措置として江田島の術科学校を併存させる必要がある、というものだった。

こうして、海自は最後まで、統合案では海自生徒教育に欠かせない江田島の伝統と環境が担保できないと主張し、結果として統合案は流れたと言われている。海自はその後、防衛庁の行政改革により術科学校を廃止しながら、「生徒制度」は残し江田島の第一術科学校へ併合することを選択した。

しかし、中学を卒業したばかりの生徒への「生徒教育」には、知育・徳育・体育といった全人教育が必要であり、その教官にも家庭でなされるべき躾《しつけ》教育が要求された。しかし、海上自衛隊として必要な専門技術を教育する術科学校では、十分に生徒の全人教育ができなかった。その意味で、海上自衛隊の生徒制度の改変は多くの課題を残すことになった。

その後、小泉内閣の行政改革によって公務員の定員削減が本格的に検討されることになった。さらに、少年兵にあたる自衛隊生徒への教育がジュネーブ条約に抵触する恐れも指摘され、本格的に生徒制度が見直されることになった。二〇一一年三月、航空自衛隊は航空生徒隊を廃止、四月に海自は第一術科学校生徒部を廃止した。しかし陸上自衛隊は、二〇一〇年、少年工科学校を高等工科学校に改編し、新たな生徒制度を立ち上げた。

海自と空自は生徒制度を廃止したが、なぜ陸上自衛隊生徒制度は生き残ったのだろうか。

筆者は陸上自衛隊少年工科学校の最後の副校長で高等工科学校の最初の副校長でもあり、高等工科学校立ち上げの企画室長であった。その経験から見えてきたのが、陸海空の生徒制度の現状と問題点であった。

航空自衛隊生徒教育の現場には熱心な教官たちがいたが、空自はもともと生徒制度に積極的でなく、新たな制度を立ち上げる意欲はなかった。また、海自の生徒制度はあくまで「水測」要員（潜水艦のソナー要員）や「通信」要員を育てることに特化しており、海上自衛隊として生徒教育に関し「人」を育てることを謳《うた》ってはいたが、前述したように第一術科学校に併合したことから、生徒教育に必要な「人材教育」を行う体制をとることが困難になっていた。また、海空自衛隊に共通することでもあったが、新たな学校を立ち上げるにしても、五〇名前後の定員では規模が小さすぎて予算や教育の効率性等の問題があった。

陸上自衛隊には「人」を育てる文化が背景にあり、生徒制度によって陸自の技術分野の人材を育成するという目的はあったが、現状は海空ほどその専門性に特化していなかった。最も海空と違っていたのは、少年工科学校から「人」が育ち、多くの高級幹部が輩出されていたことである。卒業生の九割が最終的に幹部に任官しており、陸自生徒出身者で将官にまでなっている者も多かった。

学校長を見ても、少年工科学校最後の校長であり初代の高等工科学校学校長は生徒出身であり、二〇二三年時点までの八代にわたる高等工科学校校長のうち、七名が生徒出身である。その内訳も防大卒が四名、少年工科学校を卒業後に一般大学を卒業した者が三名もいる。このように、生徒出身者が成長し、活躍することで、陸上自衛隊生徒制度が陸上自衛隊組織のなかで誰からも認められるものとなっていたのである。

こうして生徒制度を存続させた陸上自衛隊は、二〇一〇年三月二六日に新たに「高等工科学校」を設立した。校舎や体育館、陸上競技場、ラグビー場、野球場を新設し、生徒数も約三五〇名に増やし、新制服も制定した。生徒の身分も、ジュネーブ条約を考慮して、少年兵士（少年自衛官）という身分を廃して、それまでのような「自衛官」ではなく、防大生と同じく「特別職国家公務員」たる「自衛隊員」となり、自衛官の定数外となった。

最近の特筆すべきことは、二〇二一年度から、三学年の専修コースに「システム・サイバー」コースが新設されたことだ。ここでは、サイバー防衛の専門家の育成を目的としており、このコースは、二〇二二年一二月に閣議決定された安全保障三文書の「国家防衛戦略」にも新たな自衛隊の取り組みとして記述された。さらに、二〇二三年度より「ＡＩ・ロボティクス」の専修コースも新たに設置されている。

こうした動きは、海上自衛隊生徒制度が当時の技術の最先端である潜水艦のソナーや通信の専門技術者を育成しようと発足し、終焉したことを思うと、技術に特化することと時代に適応することのバランスの難しさをあらためて考えさせられる。

二〇二二年一二月に閣議決定された防衛力整備計画では、自衛隊の人的基盤の強化の一環として「陸上自衛隊高等工科学校については陸海空自衛隊の統合された学校にするとともに男女共学化を実施する」とされた。二〇二三年三月の国会答弁で浜田防衛大臣らは、これらの施策を二〇二八年度から開始することを明らかにした。こうして、自衛隊生徒の分化と統合は、試行錯誤の末、陸上自衛隊主導の統合学校として、防衛大学校のように男女共学となることになった。

陸上自衛隊と海上自衛隊、航空自衛隊の生徒制度の違いの背景には、陸海空それぞれが異なる分化を遂げ、様々な事情により廃止されたり、発展したりした歴史があった。そして、現在、分化された生徒組織が新たに統合され、新たな時代に適応できる組織へと変革されようとしている。

―4―「分化」から生まれた「文化」の違い

(1)「住民との距離」と「部隊の重さ」という感覚

筆者が、自衛官時代から陸海空の文化が違うなと思っていた感覚が二つあった。それが、「人との距離感」と「部隊の重さ」という感覚だった。

一つ目の感覚は、国民との距離感であり、具体的には地域住民と陸海空組織の距離（関係性の濃淡）感覚である。昔から陸軍は一定の地域にとどまる（駐屯する）ため、そこに住む住民との関係は濃密であった。海軍や空軍は、一定の海域や空域を支配し、制海権や制空権を確保する任務上、陸上で生活する人々との関係性は濃密ではなかった。

さらに、陸の戦場においては、作戦の自由を確保するために、常に地域住民を戦闘に巻き込まないような着意が不可欠であった。戦時、住民疎開や避難による軍と住民の離隔に失敗すると、ウクライナ戦争や沖縄戦に見られるような住民混在の国土戦になり、陸軍の戦闘に多くの国民が巻き込まれ、その負の影響は戦後も長く続く。一方、海域や空域の戦場には日常生活を営む住民がいないので、戦闘や戦闘準備の間に地域住民への配慮は必要としない。

陸軍は地域住民との物理的距離が海軍や空軍と比べて近いため、住民に対する心理的配慮は、感覚となり身体化している。陸上自衛隊ではその草創期から、陸上自衛隊への理解を得るため、地域住民の農作業の支援（援農）までも行っていた歴史があり、住民に「よりそう」文化が伝統的に継承されてきた。

現在でも、風水害で被害を受けた森林の倒木の撤去や、鳥インフルエンザの拡大防止措置や殺処分といった支援を実施しており、これは諸外国の軍隊では考えられない任務である。そうした支援を通じて、住民の「心」によりそう関係性とそこから生まれた文化が継承されている。

こうして、歴史的に陸上自衛隊は旧軍とは決別して発足した組織であったが、発足当初から地域住民の理解を得る活動や様々な災害派遣を経て、住民との密接な関係を醸成し、住民によりそう姿勢が東日本大震災以降の自衛隊に対する高い信頼につながっている。

二つ目は、筆者が統合教育や統合作戦時に、海自や空自の自衛官にはなく、陸上自衛官には身体化されていると感じていた「部隊の重さ」という感覚である。

陸軍組織は、そもそも陸軍は人が中心、海空軍は船舶、航空機のシステムが中心であることから、海空軍のような自然科学の法則性に従う志向性というよりも、数値化できないものや「心」、つまり人間の思いや営みに深く影響される志向性を持っている。

脳科学者の茂木健一郎氏によると、人間世界は「心」によって動く世界であり、「心」に見えるものが「クオリア（qualia）」と呼ばれているという。この「クオリア」は、「赤の赤らしさ」とか「バイオリンの音色」などの、私たちの感覚を特徴づける独特の質感を指すと言われている。それは客観的な自然法則に使われてきた長さ、面積、電荷といった物理量とは無縁の、私たちの「心」のなかにある一種の存在感のようなものである。

このように、陸上自衛官には「部隊の重さ」というクオリアがあると筆者は感じている。人の集団を動かすのには、船舶や航空機のように機械を操作するのと違って、人間関係に由来する気配りやコミュニケーションや時間が必要であり、陸上自衛官、特に指揮官経験者は、部隊を指揮し統率する際に、「重さ」に近い身体感覚を持っていると思っている。

これは、筆者が小隊長、中隊長、連隊長といった指揮官や連隊、旅団、師団、方面隊、陸幕の幕僚として勤務した経験から自ら獲得していった独特の質感であり、海空自衛官にはない、陸上自衛官の「心」に由来する独特のクオリアという身体感覚であると思っている。

(2) 住民に「よりそう」文化

災害派遣では、常に住民と接している陸上自衛隊が主体となる。東日本大震災では自衛隊創設以来の陸海空自衛隊による大規模なタスク・フォースが編成されたが、その長は、被災地域の防衛任務を担っていた君塚陸上自衛隊東北方面総監であった。日常的にも、各地方自治体で行われる防災訓練を通じて陸上自衛隊と住民は顔の見える関係を築いている。その関係を密接につないでいるのが、各自治体で勤務する自衛隊OBの防災監である。

自衛官は、他の行政職や公安職に比べて早く定年退職をする。そうした若くして退職した自衛官を、多くの地方自治体が防災監として採用している。こうした防災監制度は、東日本大震災や熊本地震など大災害の都度、その有効性が認められ、各自治体で活動する防災監の数も増加していった。防衛省が把握している自衛官出身の防災監の数は右肩上がりで、二〇二二年三月三一日時点で、非常勤職員を含み、総計六〇一名に上っている。

防災監は、自衛隊で獲得した部隊運用のノウハウや、勤務を通じて培《つちか》った地域住民とのつながりの深さから、ほとんどが陸上自衛官のＯＢとなっている。防災監制度発足当初は海空自衛官出身者もいたが、派遣元の陸上自衛隊部隊との関係維持が容易でなく、また住民と適度の距離感をつかめないため、防災監として続かないケースが多かった。

自衛隊の災害派遣に関しては、阪神・淡路大震災の反省から災害救助法等が改正され、比較的円滑に災害派遣ができるようになった。しかし、法制上、災害派遣要請は都道府県知事に限定されており、市町村といった自治体では自律的・自発的に自衛隊に派遣を要請することはできない。そこで、災害発生時に災害派遣要請の発出前から、自衛隊との連携にあたるのが防災監の任務である。そのために重要なのが、平素からの関係構築や日常訓練である。

こうして地域住民に「よりそう」自衛隊は、防災監を活用し、災害派遣における問題点を地方自治体や地域住民に理解してもらうため、図上訓練や実動訓練、研究会等を積極的に行っている。部隊と防災監の連携を強化し、情報を共有するため、陸上自衛隊では、各方面隊が主催する部隊と防災監との情報交換会も頻繁に行われている。各地方自治体の防災監は所属地方自治体の首長とともに、時間の許す限り方面、師団、旅団、近隣駐屯地、基地の記念行事に参加するなどして、相互に顔の見える関係を築いている。

筆者も、自衛隊を退官後、横浜市の総務局危機管理室緊急対策課担当課長という、政令指定都市の防災監として五年間勤務した経験から、地域住民によりそう防災監制度の重要性と有効性を実感している。

5 統合の現状と課題

(1) 統合幕僚会議から統合幕僚監部へ

冒頭で陸海空自衛隊の分化から生まれる文化を表す四字熟語を紹介したが、陸海空三幕を統合する統合幕僚監部は、統合幕僚会議と言われていた時代に「高位高官、権限皆無」という四字熟語で表現されていた。陸自と空自の高射部隊帰属問題で紹介したように、統合編成を統幕が主張した際に、陸幕は当面、行政管理的機能を有しない統幕には任せられないとして反対した。自衛隊創成期の統幕は、まさに「権限皆無」と言われても反論できない状況であった。

しかし、二〇〇六年に統合幕僚会議を改編して統合幕僚監部が新設され、有事や平時を問わず各自衛隊の運用に関する防衛大臣の指揮・命令がすべて統合幕僚監部を通じて行われるようになり、それまでの「権限皆無」の時代は終わった。

世界的に統合が最も進んでいると言われる米軍では、外征軍として陸海空軍部隊が密接に連携しなければならない作戦が多い。第二次世界大戦における太平洋島嶼戦や朝鮮戦争の仁川上陸戦における水陸両用作戦では、必然的に統合運用が求められた。こうして米軍の統合は実戦を通して発展していった。

それに対し、専守防衛を旨とする日本の自衛隊では、創設以来しばらくの間、統合を必要とする局面はほとんどなかった。特に冷戦時代には、陸上自衛隊は着上陸侵攻対処、海上自衛隊は対潜戦、航空自衛隊は航空侵攻対処を異なる戦場で行うことが想定されていたため、統合運用の必要性そのものがなかった。

冷戦終結後、国際貢献のための平和維持協力という新たな任務が加わり、阪神・淡路大震災や東日本大震災といった大災害も頻発するなか、自衛隊に、抑止主体の時代から「運用の時代」が到来し、実任務として陸海空の統合作戦が求められるようになった。さらに、北朝鮮のミサイルや台湾有事に関して、警戒監視や対空・対艦ミサイル運用といった、新たな脅威に対処するための複数の軍種の統合が不可欠になってきたのである。

統合には、陸海空軍が必要に応じて統合軍を編成するやり方と、米軍の四番目の軍種であるアメリカ海兵隊のように、軍種そのものを統合組織とするやり方がある。特異な統合の例としては、カナダ軍が「一軍制」をとったことがあった。一九六八年にカナダは陸軍、海軍、空軍を合併させて一軍制をとった。しかし、発足当時から階級の呼称、服装などをめぐって様々な不満や問題が噴出し、一九七五年には従来の陸海空三軍の編成に戻している。

陸海空軍の専門性や役割、軍種の特性や文化を無視して一つの軍種にするというカナダ軍のようなやり方は、ローレンス＆ローシュの「分化」と「統合」の命題から言えば、組織内の機能を十分に分化させずに形だけの統合を行ったもので、軍として有効に機能しなかったのは当然であった。

アメリカ海兵隊型統合の詳細については後述するが、アメリカ海兵隊が24万人体制の陸海空自衛隊とほぼ同じ規模ということもあり、日本においてアメリカ海兵隊型の組織を立ち上げるということは陸海空自衛隊とは別の新たな軍種を創設することになり、政治的にも、予算面でも現実的ではなかった。しかし、中国の台頭により南西諸島防衛に水陸両用部隊としての統合戦闘機能が必要となり、二〇一八年にはアメリカ海兵隊といった別軍種ではなく、陸上自衛隊組織のなかに水陸機動団が編成された。

(2) 常設統合司令部の検討

統合の歴史が古く、過去の教訓を踏まえて実践的な統合を実施しているのがイギリスである。イギリスは伝統を重んじる国というイメージがあるが、第一次世界大戦中、世界で最初に空軍を設立したのはイギリスであり、伝統的に革新性も持っている。統合についてもイギリスは、世界に先んじた数々の試みを行っている。

それがよくわかるのが統合教育である。イギリスでは統合教育の必要性がかなり古くから認識されており、統合軍指揮幕僚大学の前身とも言える統合国防大学を、終戦直後の一九四七年に、第二次世界大戦の教訓をもとに創設している。イギリス軍の統合教育の大きな転換点は、フォークランド紛争であった。フォークランドの失敗経験によってイギリス軍は統合作戦の重要性を痛感し、統合の強化を図った。イギリス軍の教育における大胆な改革は、伝統ある陸海空三軍の大学を全廃し、新たな大学として統合した統合軍指揮幕僚大学を一九九七年に創設したことだった。

二〇〇一年九月一一日のアメリカ同時多発テロ直後に、筆者は統合幕僚学校の研究員として、イギリス軍の統合の調査を行う機会に恵まれた。その際、教育体制以上に驚かされたのは、統合におけるイギリス軍の戦略面の革新性や懐の深さであった。岡崎久彦は『戦略的思考とは何か』（中央公論新社）で、アングロサクソンの戦略を高く評価しているが、イギリス研修を通じて、それを実感させられた。そのなかでも強く印象に残ったのが、創設されたばかりの「常設統合司令部」の制度と組織の先進性であった。

その設立の契機は、一九八二年のフォークランド紛争にある。当時のイギリスでは、フォークランド諸島に対するアルゼンチンの攻撃は想定外のものだった。当然その備えはなく、急遽、統合部隊の指揮官になった海軍少将は多大な負担を担わされた。

さらに前線の指揮官にとって重荷となったのは、作戦指導のほかに、本国の政府や議会、メディアに戦況を知らせるといった報告任務であった。前線指揮官が、戦場から一万キロメートル以上離れたイギリス本国に対する広範な政治的対応と、迅速な作戦指揮とを同時に、そして間違いなく行わなければならなかった。イギリス本国の議会やマスコミ対応には、毎回、詳細な報告が求められ、それに長時間拘束された。さらに、そのために現地と本国との間で大量かつ長時間の通信が必要となり、指揮官の意思決定に遅延を招く事態ともなった。

こうした教訓をもとに、一九九六年四月に、イギリス主導の統合作戦と多国籍軍による統合作戦の効率性と効果を強化するため、また他国主導による多国籍作戦に参加したイギリス軍の作戦指揮を実施するため、常設統合司令部が設置された。

日本も、イギリスのフォークランド紛争と似た教訓がある。東日本大震災時、折木統合幕僚長に前線の指揮と中央への報告といった多大な負担がかかっていたことである。このことに関して折木統幕長は、当時は首相官邸からの情報要求や米軍との調整に忙殺されたと述べ、「自衛隊のオペレーションに集中したかったが、物理的にできなかった。結果として大臣にも部隊にも負担をかけてしまった」と報道のインタビューに答えている。

有事にあって統幕長が総理の傍に座って自衛隊に対する戦略指導を補佐することは重要な任務であるが、一方で、前線の統合部隊に対して適時・適切な指揮を行うこともそれと並ぶ重要な任務である。統幕長は、このように防衛大臣の補佐と防衛大臣の命令執行という二つの主要な任務を持っている。

しかし、この二つの任務が過重であるという理由だけで、統幕長の職責を軽減するために、単純に任務を分離する（分化する）ことは短絡的である。大臣の補佐のためには、政治指導者の考えを理解し、かつ前線の戦況に精通していなければならない。しかし、大臣の補佐のみに徹した場合、前線の状況から遠ざかる事態となり、机上の数字に頼るオペレーションを行い、実戦感覚が欠如したままベトナム戦争を推進したマクナマラのようになる恐れがある。一方で、前線の指揮に専念すると、大臣の補佐を通して総理や大臣の意向を適時に知ることや政治情勢の変化に対応することは難しい。

統幕長は、ダイナミックな環境変化に応じて補佐と命令執行の両方のバランスをとらなければ、その職責を十分にまっとうできないのである。

この点において参考となるシステムが、イギリスの「常設統合司令部」である。ここでは、政策および軍事戦略と軍事作戦との間の責任範囲と関係が明確にされている。この組織には、常設の「統合司令官」ポストはない。有事に任命される統合司令官を補佐するため、三軍の恒常的な統合作戦への備えとして、計画・準備から危機に際しての作戦遂行、戦力回復、事後の戦訓の蓄積までを一貫して担う幕僚組織がつくられているのである。そのため、常設統合司令部は、幕僚長と統合部隊作戦準備および訓練部長の二つの役職が置かれる幕僚組織となっている。

（3）統合作戦司令部の創設

二〇二二年一二月に閣議決定された安全保障三文書には常設統合司令部の創設が記載され、続いて、二〇二四年五月一〇日、陸海空三自衛隊を一元的に指揮する「統合作戦司令部」の創設を柱とする改正防衛省設置法が参議院本会議で、自民、公明の与党と立憲民主、日本維新の会、国民民主の野党の賛成により可決された。統合作戦司令部は、市ケ谷に二四〇人規模で発足し、統合作戦司令官は陸海空幕僚長と同格となり、宇宙やサイバーなど安全保障の新領域を含む部隊の運用を担うことになった。

統合司令部に関しては、長く検討がなされた結果、首相や防衛大臣による総合的判断を軍事面で補佐する統幕とは別に、自衛隊部隊の作戦や指揮を担う統合作戦司令官を置き、これを支える幕僚組織たる統合作戦司令部を創設することになった。

これは、米軍のような北方（北米）、中央（中東・西アジア）、アフリカ、ヨーロッパ、インド太平洋、南方（中南米）に加えて宇宙コマンドの七個、機能別統合軍としてはサイバー軍、特殊作戦軍、戦略軍、輸送軍の四個の常設統合軍を持つシステムとは違い、幕僚組織としての統合作戦司令部の設置である。また常設の統合軍がなく、常設の統合司令官もいないイギリス型常設統合司令部とも異なっている。

米英の統合組織を参考に俯瞰すると、今回の統合作戦司令部には二つの長所がある。

一つは、有事の場合、統幕長が首相および防衛大臣に軍事的助言を行い、統合作戦司令官は具体的な作戦指揮を行うという、役割分担が明確になったことである。二つ目の長所は、日米の安全保障体制のもとで、日米司令部のカウンターパートが明確になった点である。統幕長には大統領および国防長官を補佐する統合参謀本部議長との、統合作戦司令官には六地域軍の一つのインド太平洋司令官とのカウンターパートが明確化された。

しかし、長所は短所と表裏一体である。前述したように、統合組織のトップは、大臣の補佐のために政治指導者の考えを理解し、かつ前線の戦況に精通していなければならないが、大臣の補佐のみに徹した場合、時々刻々と変化する前線の状況把握が滞る事態となる。一方で、前線の指揮に専念すると、大臣の補佐を通して総理や大臣の意向を適時に知ることや政治情勢の変化に対応するための適時の状況把握は難しい。

この短所を補うために統幕長と統合作戦司令官は、互いのコミュニケーションを密にして、ダイナミックな環境変化に応じて補佐と命令執行の両方のバランスをとらなければならない。

こうした問題は、第二次世界大戦の海軍において、永野修身軍令部総長と山本五十六連合艦隊司令長官の間に生起した問題に通底するものである。このとき、米海軍ではルーズベルト大統領の英断によりキング大将に合衆国艦隊司令長官と海軍作戦部長を兼務させることと、キング自身も太平洋軍司令官のニミッツと緊密なコミュニケーションをとることで問題を解決している。当時の日本では、一人の人物が軍令部総長と連合艦隊司令長官を兼務することなど考えられないことであった。

創設された統合作戦司令部の運用においては、統幕長と統合作戦司令官が平時から相互のコミュニケーションを密にし、有事には緊密な連携をとることで旧日本軍のような山本・永野問題を回避しつつ、キングとニミッツのように連携を密にする着意が不可欠であろう。

(4) アメリカ海兵隊型の統合の現状と課題

各国の統合における実践面の成功例の一つに前述したアメリカ海兵隊型の組織がある。通常の統合軍は、陸海空軍を状況に応じて統合するというシステムであるが、アメリカ海兵隊は、海兵隊の組織構造に陸海空の機能を取り込んでいる。さらに、任務の必要規模に応じて、ＭＡＧＴＦ（海兵空陸任務部隊）と言われる組織を編成する。

この組織は、マトリョーシカのように、それまでどの軍隊も採用したことのない自己完結する入れ子構造になっている。それは、いかなる作戦要求にも応えられるように短期間で多様な組み合わせができる多能力軍隊システムである。

こうした海兵隊組織を維持するために、人事システムでは能力・業績・職務経験を厳守し、教育システムにおいてすべての海兵隊員は、ブートキャンプと言われる新兵教育で13週間にわたり、「名誉」「勇気」「献身」という海兵隊に必要な価値観と海兵魂を叩き込まれる。

こうして、アメリカ海兵隊は水陸両用作戦、近接航空支援、空中機動戦といった歴史的イノベーションを開発し、実戦においても結果を出してきた。

しかし、統合軍としてのアメリカ海兵隊は、一つの成功例ではあるが、自衛隊をはじめとする通常の国軍の立場から見ると二つの問題点がある。一つは、前述したように、規模と予算の問題である。アメリカ海兵隊というシステムを維持するには、軍事大国アメリカレベルの国力がなければ困難である。通常の国では、アメリカ海兵隊規模の軍事組織を維持する人員がまず確保できない。

例えば、アメリカ海兵隊と自衛隊の人員を比較した場合、自衛隊すべてとアメリカ海兵隊は同じ規模である。米軍においても、アメリカ海兵隊の予算は米海軍予算の一部であり、アメリカ海兵隊自身も常に経費削減を求められ、予算獲得については苦労しているのが現実である。現在の自衛隊で、陸海空軍とは別に第四軍として海兵隊組織を立ち上げることは、予算規模から見ても非現実的である。

筆者自身、ヨーロッパ各国の統合を現地調査した際に印象的だったのが、各国が統合を推進している重要な理由の一つが予算削減問題であったことである。例えば、航空機について陸海空軍がそれぞれの用途に応じて同じ機種を保有することは少なくないが、各国の国会において常になぜ陸海空軍種ごとに同じ航空機（特に多用途ヘリコプター）を持つ必要があるのかを厳しく査定されていて、その結果、統合保有が強く求められていた。

こうした国々では、予算削減重視で、軍の統合が求められていたのである。こうした厳しい予算環境のもとで、新たなアメリカ海兵隊規模の統合軍を創設することは非現実的である。

アメリカ海兵隊型統合軍の二つ目の大きな問題は、統合軍として組織が任務に特化しすぎることである。つまり、任務に特化し、戦場の環境に適応しすぎることでその後の変化する環境に適応できなくなるという、過剰適応の問題である。

例えばアメリカ海兵隊は、第二次世界大戦では水陸両用作戦部隊として成果を上げたが、それ以降は朝鮮戦争ぐらいしか大規模な水陸両用作戦が行われず、アメリカ海兵隊の任務は、ベトナム戦争では空中機動戦、湾岸戦争では陸軍のような砂漠での機動戦、次に対テロ任務、そして現在は対中国対応と、環境の変化に応じてその都度変化してきた。アメリカ海兵隊は、生き残るために適応と革新を求められてきたのである。さらに、結果を出した後でも陸海空軍と比較され、陸海空の臨時統合軍が成功した場合には海兵隊不要論が浮上し、常にその存在意義を問われる立場に立たされている。

しかし、面白いことに、逆説的な効用もあった。組織存続への危機意識は、海兵隊のイノベーションの原動力にもなっている。アメリカ海兵隊は、即応性を求められることから環境に過剰適応する恐れもある組織だが、組織存在の危機感を持ち続けることでイノベーションを起こし、自己を改革し、組織の過剰適応を回避してきたイノベーション組織でもある。

6　分化と統合の今後

世界のグローバル化・多様化が進み、情報技術が急速に進展するにしたがって、戦場は物理次元にとどまらず次元を超えて拡大していった。また、戦争と平和の境界も曖昧になり、グラデーションの様態を呈するようになり、境界一帯がグレーゾーン化し拡大してきた。さらに、そうした世界の変化を利用して、安全保障と経済を一体化して影響力を発揮しようとする国も現れ、「分化」の様相が複雑化・多様化してきた。

（1）次元と領域の分化と統合

物理次元の拡大

そもそも軍が分化したのは、陸、海、空という異なった戦場（環境）で戦う必要性があったからである。第二次世界大戦後、陸海空の領域（domain）に新たに加わったのが宇宙領域である。米軍は、宇宙領域を空中の物体に対する大気の影響が無視できる高度よりも高い空間と定義して、既存の作戦区域の枠組みを宇宙領域にまで拡張するものとして、宇宙統合作戦区域を設定した。こうして米軍は、二〇一九年一二月に宇宙軍を創設している。

自衛隊では、二〇二二年三月一七日に「宇宙作戦群」を航空自衛隊に新編。宇宙作戦群では群司令（1等空佐）を指揮官として、指揮官を支える群本部、宇宙作戦の指揮統制を担う宇宙作戦指揮所運用隊および宇宙状況監視を担任する宇宙作戦隊（二〇二〇年に新編）を編成した。また、二〇二二年一二月に閣議決定された防衛力整備計画によれば、将来的に宇宙作戦群は将官を指揮官とする「宇宙作戦集団」に格上げし、集団の下に「宇宙作戦団」「宇宙作戦指揮群」「宇宙作戦情報隊」を置くとされている。

仮想次元への拡大

仮想次元の戦いもサイバー戦として活発化している。インターネットの発達により、様々なサービスやコミュニティが形成され、新たな社会領域（サイバー空間）が重要性を増してきた。サイバー空間上の情報資産やネットワークを侵害するサイバー攻撃は、社会に深刻な影響を及ぼすことができるため、安全保障にとって現実の脅威となってきた。

二〇一八年五月に米軍のサイバー軍が戦闘軍（ＣＣＭＤ：combatant command）に格上げされ、作戦を総括することになった。同軍は、国防総省の情報環境を運用・防衛する「サイバー防護部隊」、国家レベルの脅威からアメリカの防衛を支援する「サイバー国家任務部隊」および統合軍が行う作戦をサイバー面から支援する「サイバー戦闘任務部隊」等から構成されている。これら三部隊を「サイバー任務部隊」と総称し、一二五の支援チームを含めて計一三三チーム、六二〇〇人規模で構成されている。

自衛隊では、サイバー防衛隊を隷下に有する自衛隊指揮通信システム隊の体制を見直し、二〇二二年三月一七日、陸海空自衛隊の共同の部隊として約五四〇名規模の自衛隊サイバー防衛隊を新編した。この部隊の新編により、従来保有していたサイバー防護機能に加え、実戦的な訓練環境を用いて自衛隊のサイバー関連部隊に対する訓練の企画や評価といった訓練支援を行う機能を整備するとともに、隊本部の体制強化を図った。またより効果的・効率的にサイバー防護が行えるよう、陸海空自衛隊のサイバー部隊が保有するサイバー防護機能を当隊へ一元化するなど、陸海空を統合した体制強化も図っている。

主な任務としては、主にサイバー攻撃などへの対処を行うとともに、防衛省・自衛隊の共通ネットワークである防衛情報通信基盤（ＤＩＩ）の管理・運用などを担っている。

認知次元の拡大

二〇一六年九月に公表されたアメリカ海兵隊作戦コンセプトでは、これまでの海兵隊が「もっぱら物理的な領域において機動戦を行い、空、陸、海洋ドメインで諸兵科連合を用いてきた」のに対して、「今や作戦環境と敵の能力の変化を踏まえ、認知領域における機動をより重視し、諸兵科連合の運用を宇宙およびサイバー空間にまで拡大することが必要になっている」と述べ、「我々の諸兵科連合アプローチに情報戦を組み込む」方針を示した。

海兵隊が認知領域を重視し、敵を「撃破」する手段として情報を位置づけていることを最も端的に示すのが、情報を「二一世紀型の諸兵科連合」に組み込んでいることである。

海兵隊総司令官直轄の研究チームは、「二一世紀型の諸兵科連合」においては「機動、砲兵、航空のみならず情報、サイバーおよび電子戦すべての戦闘兵科をまたがる物理的および認知上等で統合」することが「死活的に重要」としている。

そのため情報を、「敵部隊とその能力を欺き、士気を挫き、さらに無能化し、ジレンマを作為するために活用」するとして、二〇二二年に海兵隊が公表した情報ドクトリン「MCDP 8 Information」の公表を機に、『Marine Corps Gazette』二〇二二年九月号では火力と機動と同等の戦力と位置づけている。

このように海兵隊は、諸兵科連合や火力、機動といった軍事学上の伝統的な概念を、情報を包含することで拡大、再解釈を行っている。そうした変革は、これまでの兵科や職域・特技区分の再整理・再編や、それらの壁を越えた連携などの変化をも引き起こしている。つまり、認知次元の戦いにおいて、火力と機動のほかに「情報」を分化し、火力と機動と同等に位置づけているとも言える。

防衛省・自衛隊でも、「認知領域を含む情報戦への対応」について検討がなされている。「国家安全保障戦略」「国家防衛戦略」「防衛力整備計画」の安全保障三文書で認知領域における情報戦について、「我が国防衛の観点から、有事はもとより、現段階から、①情報機能を強化することで、多様な情報収集能力を獲得しつつ、②諸外国による情報の流布を始めとしたあらゆる脅威に関して、その真や意図等を見極め、様々な手段で無力化などの対処を行うとともに、③同盟国・同志国等との連携のもと、あらゆる機会を捉え、適切な情報を迅速かつ戦略的に発信する、といった手段を通じて、日本の意思決定を防護しつつ、力による一方的な現状変更を抑止・対処し、より望ましい安全保障環境を構築する。なお、日本の信頼を棄損する取組（ＳＮＳなどを介した情報の流布、世論操作、謀略など）は実施しない」という方針を示し、情報戦対応の中核を担う情報本部の体制強化を図っている。

マルチドメイン統合

こうした次元や領域の拡大に伴いアメリカで打ち出されたのが、マルチドメインというコンセプトだった。米陸軍訓練ドクトリンコマンド（ＴＲＡＤＯＣ）は、パンフレット「マルチドメイン作戦における米陸軍２０２８年」と、「マルチドメイン作戦（ＭＤＯ）コンセプト」と呼ばれる米陸軍の作戦コンセプトを打ち出した。そこでは、ロシアと中国がアメリカとその同盟国に対して、陸、海、空、宇宙、サイバースペースのすべてのドメインに挑戦していて、マルチドメイン作戦（ＭＤＯ）のコンセプトは、これらの問題を解決し、抑止力を高めることである。

（2）軍事以外の任務拡大

米軍には、災害派遣や平和維持活動といった軍事行動以外のものを指す「戦争以外の軍事行動（MOOTW：Military Operations Other Than War）」という概念がある。

米軍は本質的に外征軍であるため、その任務は主に州兵が担っている。MOOTWは、戦争には至っていない状況における軍事行動を指すもので、その内容は侵略の抑止、国益の保護、国際機関の支援、人道支援とそれに伴う警備行動などがある。米軍の定義では、全面戦争に至らない程度の武力行使も含んでいる。アメリカは、冷戦後に安全保障環境が変化したことに伴って、こうした概念を打ち出した。その後のグローバル化の進展を受けて、注目される概念になってきている。

自衛隊は、創設以来、国民の理解を得るために、MOOTWという用語は使わなかったが、冷戦後に概念化した米軍に先立って「戦争以外の軍事行動」を積極的に行っていた。特に災害派遣、災害復旧に関しては雲仙普賢岳の火砕流対応、阪神・淡路大震災、東日本大震災、熊本地震、能登地震等々、積極的に取り組んできた。さらに、カンボジアから始まった平和維持活動はイラクにおける自衛隊の平和維持活動につながり、医療支援に関してはコロナ禍における大規模ワクチン接種支援を行い、自衛隊への理解と信頼を獲得していった。

こうした軍事以外の任務を積極的に行って国民の信頼を得ている軍隊は自衛隊以外には見られず、結果として世界的に見ても自衛隊はユニークな存在となっている。

（3）経済の安全保障分野拡大

近年、経済安全保障という言葉がよく使われるようになった。その意味は、「国家が、自国の経済活動や国民生活に対する脅威を取り除き、一国の経済体制や社会生活の安定を維持するために、エネルギー・資源・食料などの安定供給を確保するための措置を講じること」である。

これは、軍事ではなく、主に政治と外交により行うものであるが、こうした議論の際にエコノミック・ステイトクラフト（ＥＳ：Economic Statecraft）という新たな概念も登場している。その意味するところは、「安全保障政策と経済政策を一体化し他国への影響力を発揮する手法」である。

こうした安全保障政策という点から見ると、経済と安全保障には互いに重なり合う部分がある。例えば、半導体はスマートフォンやゲーム機器から家電や自動車などまで民生部品として広く使われる一方、軍事面では誘導ミサイルや戦闘機、ドローンなどの用途に広く使用され、米中摩擦の激化によりいち早く規制されている。

防衛省は、安全保障と経済を横断する領域において国家間の競争が激化するなか、防衛大綱等にもとづく防衛生産・技術基盤の維持・強化と合わせて、先端技術の保全・育成といった経済安全保障の施策により経済の自律性や優位性・不可欠性を高めることの重要性を認識している。

そのため防衛省は、安全保障担当官庁として蓄積してきた防衛生産・技術基盤の維持・強化にかかる知見・ニーズの提供など政府一体の取り組みに積極的に参画している。具体的には、法制準備室への人員派遣を行っているほか、「経済安全保障重要技術育成プログラム」や技術情報管理、対内直接投資の審査といった政府全体の取り組みに対し、安全保障に関する知見・ニーズの提供を積極的に行っている。こうして必要な防衛省内の体制を強化し、経済安全保障上の課題解決を図っている。

日本はこうした環境変化にもとづき、安全保障に関しては軍事面のみならず外交、情報、経済に関わる国家の総力戦として、法整備も含めたあらゆる手段を進めることが求められている。

おわりに

一九九九年二月に中国で出版された『超限戦』は、日本では当時あまり注目されなかったが、海外中国人の間で広く読まれ、アメリカ国防総省は直ちに英語に翻訳し、アメリカ海軍大学が教材に使用するなど欧米の軍事専門家の間では話題になった。日本で翻訳本が出版されたのは二年後の二〇〇一年で、アメリカ同時多発テロと重なり、本書の予測が的中したという別の意味で評価が高まった。

超限戦では、軍事と経済の境界を越えた新たな戦争概念を提唱している。戦争に制限を加えず、あらゆる可能な手段を採用して、軍事上のマキャベリストになりきる戦い方を提示している。「超限」とは、すべての限界を超えるという意味である。それは物質、精神、あるいは技術であろうと、それが「限度」「制限」「境界」「規則」「禁忌」であっても超えることを意味している。一例を挙げると、それは国家の安全が脅威に直面したとき、単純に国家対国家の軍事衝突を選ばず、「超国家的組み合わせ」の方式（例えば経済）を使って危機を解消することであると『超限戦』では説明している。

出版当時の超限戦の具体例として、アジア金融危機におけるアメリカのやり方を挙げている。ソロスらによるアジア諸国に対する金融襲撃、アメリカ人の共同ファンドの動き、アメリカの格付け会社が緊要な時期に日本、香港、マレーシアの信用格付けを下げたこと。グリーンスパンの香港政府への懸念表明、アメリカ連邦準備理事会（ＦＲＢ）が投機に失敗した長期投資管理会社（ＬＴＣＭ）に異例の救助の手を差し伸べたこと等々は、直接的な証拠はないが、アメリカ政府とＦＲＢが共謀したと『超限戦』の著者は言う。こうして、超限戦の手段として株価や為替の操作による経済活動の混乱を武器にすることの有効性を示している。

これは、米軍が持っていた「戦争以外の軍事行動（ＭＯＯＴＷ：Military Operations Other Than War)」という従来の概念を超越した「非軍事の戦争行動」とでもいう概念で、この考え方こそ、現在アメリカの優秀な軍人の視野を超え、（中国の）未来の軍人や政治家が想像力と創造力を発揮できる空間だと解説している。

そして『超限戦』は、その筋書きとして、「敵国にまったく気づかれない状況下で、攻撃する側が大量の資金を秘密裏に集め、相手の金融市場を奇襲して、金融危機を起こした後、相手のコンピューターシステムに事前に潜ませておいたウイルスとハッカー分隊が同時に敵のネットワークに攻撃を仕掛け、民間の電力網や交通管制網、金融取引ネット、電気通信網、マスメディア・ネットワークを全面的な麻痺に陥れ、社会の恐慌、街頭の騒乱、政府の危機を誘発させる。そして最後に軍が国境を越える」と具体的なプロットを提示している。

中国の超限戦は、戦場の次元や領域の拡大や、経済の安全保障分野への拡大を超えた「何でもあり」の戦いである。こうした安全保障環境の急速な変化、拡大、多様化に対応するため、軍のみならず安全保障に関連する組織の分化が必要となっている。

こうした現状を踏まえて、これからの統合には、分化の速度と多様化にダイナミックに創造的適応ができる統合が求められている。それは、米軍が提唱しているマルチドメイン統合のように、「あれ」と「これ」の従来の統合では十分に対応できないものであろう。これまでのパターン化された統合ではなく、新たな統合の「知」を創造する分化と統合の発想が求められている。

【参考文献】

大町克士（２０２１）「新たな時代のシーパワーとしての海上自衛隊」『海幹校戦略研究』第一一巻第一号

折木良一（２０１７）『自衛隊元最高幹部が教える経営学では学べない戦略の本質』KADOKAWA

海上自衛隊ウェブサイト「海上自衛隊創設70周年特設サイト」

喬良、王湘穂（２０２０）『超限戦　21世紀の「新しい戦争」』（坂井臣之助監修、劉琦訳）角川新書

下平拓哉（２０２１）「陸海軍結束の可能性と限界――統師権をめぐって」『江戸川大学紀要』第三一号

政府統計の総合窓口 e-Stat「退職自衛官の地方公共団体の防災・危機管理部門における在職状況」令和三年度

高木惣吉（１９４９）『太平洋海戦史』岩波新書

田中宏巳（２００９）「解説」『防衛の務め――自衛隊の精神的拠点』中央公論新社

冨澤暉（２０１７）『軍事のリアル』新潮新書

中島信吾、西田裕史（２０２０）「航空自衛隊創設期の旧軍航空関係者の役割と米空軍の関与について」『防衛研究所紀要』第二二巻第二号

西田裕史（２０２２）「航空自衛隊草創期の高射部隊帰属問題についての考察」『安全保障戦略研究』第二巻第二

号
野中郁次郎（１９８０）『経営管理』日経文庫
——、野間幹晴、川田弓子（２０２３）「二項動態経営」実践論」『一橋ビジネスレビュー』
日田大輔（２０１９）「陸上自衛隊草創期の防衛力整備——5個方面隊13個師団体制の成立まで」『防衛研究所紀要』第二二巻第一号
防衛省『防衛白書』各年版
真部朗（２０２２）「常設統合司令部の創設問題について」『市ヶ谷台論壇』
ローレンスＰ・Ｒ＆ローシュＪ・Ｗ（１９７７）『組織の条件適応理論』（吉田博訳）産業能率短大出版部

第2章

魂と共感

日本社会によって
つくられた自衛隊

はじめに

一国の軍隊の性格は多くの場合、二つの要因によって形づくられるのではなかろうか。

一つは、脅威への対応を含む国家の戦略的要因である。国家は、脅威の現実化を防ぐための抑止力と脅威を排除するために必要な能力を軍に持たせなければならない。特に国家が差し迫った強い外的脅威に直面している場合、軍の能力・規模は最大限に高められる可能性がある。

また、国家目標を実現し国益を増進するために軍事力に依存することもある。強制外交や国力の顕示する手段として、あるいは平和外交を実現する手段として軍を用いる場合は、それぞれの目的に応じた軍が形成される。コーエン（Eliot A. Cohen）が「戦略とは、いつ、どこで戦うかについて選択するだけでなく、それに備える組織や機関に関わることでもある」と指摘するように（エリオット・A・コーエン「無知の戦略」）、軍とは戦略的要求を具現化する組織なのである。

もう一つは、社会の価値観や規範等を含む文化的要因である。軍隊は社会の鏡像と言われるほど、意識的あるいは無意識的にその国固有の文化から強い影響を受ける。地理的条件や民族的特性、自然環境や宗教、世論や社会思想等が創り出す文化は、軍の性格を決める基盤となる。

例えば、他国から武力侵攻を度々受けてきた国では、外的脅威に対する恐怖観と国防に対する強い信念、軍事を重視する価値観が形成され、国力を結集した屈強な軍ができやすい。反対に安全保障に恵まれた地理的環境にあり、外敵との交戦経験が少ない国家には平和的文化が根づき、国民の軍事に対する関心も薄れ、軍も柔弱になりがちである。

また、一般に軍は社会とは異質な存在と見なされるが、その異質な軍を受け入れる包容力を社会がどれだけ持ち合わせているのかは文化によって異なる。寛容さの度合いは、その国の軍がどれだけ精強かに関わってくる。社会に期待される軍は強く、疎外される軍は弱いであろう。

ドイツの将軍ゼークト（Hans von Seeckt）は「軍は国民の一部であり、またかかる部分としての自覚を有せねばならぬということである。既に今日では、いかなる国の軍も純粋な国民的性格を帯びたもののみであると考えてよい。さすれば一国民の具有するすべての性質は、そのまま軍の性質に反映するはずである」と指摘する（飯塚浩二『日本の軍隊』）。

また、地理学者の飯塚浩二は「軍隊の母胎がその国の社会以外ではありようがないし、軍隊の思想、性格はその国の文化の申し子といってもいいすぎではないのではないか。たとえを鉱物にかりれば、結晶とでもみるべきで、明礬《みょうばん》の溶液からは、明礬特有の結晶しかあらわれてこないというようなものである」と述べている（同右）。

このように、軍隊はその国の文化を反映し、その点で国民的性格を帯びたものとなる。では、その前身（警察予備隊）がアメリカの要請によってつくられた自衛隊も、日本文化を反映し、国民的性格を帯びた存在ということができるのか。さらに、軍隊に反映された文化は、軍隊という存在の内面、いわばその「魂」を創り出す役割を果たしていると考えられるが、自衛隊の場合、その「魂」とは何なのか。

1　日本文化と国防観

日本人の国防観に影響を与えた要因でまず筆頭に挙げられるのは、「島国」という地理的特性とそれが創り出した自然と文化である。ユーラシア大陸東端に位置する島国であることで、有史以来、日本は大陸と適度な距離をとりつつ、積極的に外国の文化を摂取して咀嚼《そしゃく》し在来の文化と融合した独自性のある文化を育むことができた。

何よりも大きな恩恵は、他国の侵略から比較的容易に守られてきたことである。そして温暖な風土は、自然との調和を大切にする平和的文化を生んだ。また、豊かな自然の恵みを共有し、平穏な共生を好む日本人の感性を磨いてきた。

「和」の重視も日本文化の特質の一つである。日本は国土面積が小さく資源に乏しい割には人口が多かったことで、希少な資源を多くの人々で分配しなければならなかった。共存して暮らしていくために、個々の構成員は私益を抑制しながら全体の利益を優先し、協調して働かなくてはならなかった。聖徳太子の定めた「十七条憲法」の初めに、「一に曰く、和《やわらぎ》を以て貴しと為し……」とあるように、調和と協調と共生が尊重された。

このような地理的特性や自然環境と文化的特質を受けて、日本人の国防観は、幕末・明治から太平洋戦争までの例外的な一時期を除けば、対外的に内向き傾向が強く消極的であった。同じ島国であるイギリスが海洋を十分に活用して外の世界で活躍する海洋国家となったのに対し、日本人には大海原を駆け回る海洋民族という意識は芽生えず、日本は内に閉じこもった島国として平和を守り続けた。和辻哲郎は「日本に欠けていたのは航海者ヘンリ王子の精神であり、冒険心の欠如と精神的怯懦にある」と指摘している（和辻哲郎『鎖国』）。

したがって、戦後日本人がいとも簡単に平和主義に慣れ親しんだのは、戦前への強い反動があったからだけではなく、元来、平和を愛する、いわば土着的な文化が影響していたからである。

では、なぜ幕末・明治から昭和戦前期までの時代が、長い日本の歴史において特殊かつ例外的であったとはいえ、平和的文化に逆行するようになったのか。その理由の重要な部分も、日本列島が置かれた地理的特性にあると考えられる。日本は海洋で隔てられ外敵からの侵略を阻みやすい地理に置かれていたとはいえ、大陸との距離が近接していたため、その脅威を無視できなかった。平和的な文化の陰で、安全に対する強い意識が培われ、脅威に対しては鋭く反応することもあった。

その原初的実例は、古代の防人制度に見ることができよう。防人制度は六四五年の「大化の改新」において孝徳天皇によって定められた。六六三年の白村江の戦いにおいて、倭軍は百済救済のために出兵したが、唐・新羅の連合軍に大敗した。唐の追撃を憂えた日本は、都を内陸の近江に移し、本土決戦に備えた。そして、律令体制を整備して九州沿岸の防衛のために設置されたのが防人であった。

八世紀末から一〇世紀の初めにかけては、新羅の海賊が九州を襲っており（新羅の入寇）、その後、数回の侵攻に対し防人が対処した。一〇一九年の刀伊の入寇では、沿海州地方に居住していた女真族の一部数千名が壱岐、対馬、博多湾を襲い、多くの日本人が犠牲となった。この襲撃に対しては、藤原隆家の率いる軍および僧侶や住民が一丸となり抵抗している。また元寇においては、文永の役（一二七四年）で元・高麗軍の兵力約三万五〇〇〇、弘安の役（一二八一年）では兵力一〇万が来襲したが、いずれも撃退している。勝因は神風だけではなく、鎌倉武士たちが身を挺して戦った結果であった。

鎖国体制下の江戸時代は、約二〇〇年以上にわたり他国からの本格的な脅威を感じることのない泰平の世にあったが、アヘン戦争（一八四〇〜四二年）により清がイギリスに敗れると、幕府はイギリス・ロシア・フランスなど西欧列強の外圧を深刻に意識するようになり、重い腰を上げ諸藩に海防の強化を命じた。そして四隻の黒船来航に震撼すると、いち早く近代軍の創設に取りかかったのである。

幕末から明治において、日本が緻密に戦略環境を把握・予想し、短期間で精強な軍隊と国防体制、そして国防戦略をつくり上げることができたのは、日本人が切迫した脅威に敏感に反応したからにほかならない。そこには、日本の生存をかけたリアリズムと国民の共感、そして国防に価値を置く正当な軍事への理解と国力の結集があった。富国強兵と国民感情が一致し、当局者と国民との間に摩擦や抵抗は起きにくかった。反軍的抵抗がまったくなかったわけではないが、それらが一部の弱い抵抗にとどまったのは、封建的尚武思想が日本文化に根づいていたからであった。そして、それらによって、自然と軍に「魂」が宿った。

一九世紀後半から二〇世紀前半にかけては、欧米列強が世界各地で植民地を争奪し、勢力範囲の拡張争いを繰り広げる帝国主義が吹き荒れた特殊な時代であった。単に尚武思想にとどまる間は問題がなかったが、軍国主義思想を展開し、帝国主義的政策を是認する国民思想に傾いた。しかし、それが行き過ぎて列国と対立し、敗戦という憂き目を見てしまったのである。

敗戦の衝撃によって、日本人の間には土着的な平和文化が復活した。だが、平和的な文化の陰で培われていたはずの安全に対する強い意識は、少なくとも対外的脅威に関する限り、しばらくの間、戻ってはこなかったようである。

2　軍の「魂」

日本人の道徳的特性の原点に「尚武の文化」に支えられた武士道があった。本来、武士道は、「御恩」と「奉公」、すなわち主人と家来の主従関係から生まれたシステムを支える道徳的規範であったが、新渡戸稲造は著書『武士道』のなかで、義・勇・仁・礼・誠・名誉・忠義等の規範を尊ぶことが武士道の神髄であると著した。

武士道とは、武士すなわち戦闘者の精神の道義性を強調したものであったが、そこでは、敵対する者に対する惻隠《そくいん》の情が重視された。武力を持ち特権を与えられることの裏返しとして、徹底した自己抑制、厳しい規律、謙虚さや他者への思いやりなど、人間としての生き方に高い精神性を求められたのである。

武士道の精神は日本社会に脈々と受け継がれ、やがて武家社会に限らず大衆にも一種の宗教的な道徳観、社会規範として普及するに至った。その意味で武士道は、日本文化の不可欠の一部ともなった。

明治国家が国際社会の荒波に乗り出し、近代的な軍事組織をつくったとき、武士道は軍人たちの行動を律する規範として、改めて強調されるようになった。武士の「魂」であった武士道は、日本軍人の「魂」とされた。

徴兵制による国民皆兵のもとで、四民平等の一般庶民が軍人となる道が開かれるようになると、武士道の精神は、武士から国民全体の倫理的規範として内在化された。「主人」に対する「奉公」は、国家・天皇に対する忠誠へと変換された。国家に忠誠を尽くし、外敵から国家・国民を守ることの大切さと、そのためにはあらゆる困難に抗して命をかけて戦い、任務の完遂のために全力を尽くすことを尊ぶ信条が教え込まれ、浸透していった。

日本軍人は、武士道を内面的な規範とし、「魂」として日清・日露戦争を戦った。一九〇五年一月、旅順を攻略した乃木希典大将が、降伏を申し入れてきたロシア旅順要塞司令官ステッセル将軍と水師営で会見したとき、敗軍の将を辱めることのないよう手厚く配慮したことを、世界は日本の武士道が発揮されたものとして称賛した。もちろん日清・日露戦争においても武士道の規範に反する例がなかったわけではない。ただ、それらは例外的事例にとどまったと言えよう。

しかし、日本社会の近代化が進むにつれ、社会の紐帯が弱まり、伝統的な道徳もその規範としての力を弱めていった。その傾向は、軍隊においても例外とはならなかった。本来、平和的解決の道を説いている「武士道の精神」は、日本の野心的な対外進出とともに薄らぎ、昭和期の戦争で武士道に悖《もと》る行為は例外にとどまるとは言えなかった。ただ、それでもなお、武士道こそ日本軍人の大多数にとっての道徳的規範であり、「魂」の拠り所であったことは否定できないであろう。

3　自衛隊と魂の所在

戦後の日本では、軍は「悪い戦争」を招いた張本人と糾弾された。戦前の軍国主義と大戦の甚大な被害に対する反動から軍事アレルギーが生まれ、自国の防衛さえ他国に依存する歪んだ「平和主義」が日本社会に浸透した。そして、国家目標達成の手段として軍事力や軍事組織に頼らないとする前大戦から学んだ教訓は、「二度と繰り返さない決意」として一つの規範をつくった。

吉田茂は、「戦争直後には一種の虚脱状態のようなものが見られた。日本人は戦争前から戦争中にかけて、使命感を持ちすぎたため、その反動として、何も信じないと極端に走ってしまった」（吉田茂『日本を決定した百年』）と述べている。武士道も軍国主義と結びつけられて批判の対象となり、やがて平和主義的ムードのなかで顧みられることは少なくなった。

序章で述べたように、自衛隊は戦後日本の平和主義に逆行する形で誕生した。日本の再軍備は、アメリカの世界戦略の一環として実行された。日本政府は主体的に関与せず、あくまでアメリカ側の戦略的要請によって進められた。

吉田茂は、長期的に独立国日本にふさわしい「質」を重視した軍事組織の創設を目指していたが、「量」を重視するアメリカの意向に早急に従わざるを得なかった。このとき解決できなかった葛藤と矛盾はその後、警察予備隊、保安隊、そして自衛隊へと発展していく過程において、はるかに大きく拡大し、様々な禍根を残すことになった。

陸上自衛隊（以下、陸自）の前身である警察予備隊の創設については、米軍事顧問団（MAG：Military Advisory Group）が終始一貫して、編成・訓練・装備・統制などあらゆる側面で、日本の意向をほとんど無視して指導ないし監督をした。

警察予備隊本部が実施した隊員の意識調査では、大多数の隊員が任務に「無関心」であることが判明した。理由は、米軍の干渉が必要以上に広範かつ細部にわたっており自主性を認められていないこと、また、その指導は日本と日本人の実情を無視したものが多かったことにあった。アメリカによってつくられた組織に対する反発が強かったのである。それもあってか、警察予備隊は発足後一年間で、一割を超える八五〇〇名の欠員が生じている。

一九五一年末までGHQ（連合国軍最高司令官総司令部）と日本政府は、警察予備隊に旧軍将校が入隊することを認めなかったが、一九五二年の占領終結後には、警察予備隊幹部の一五％を旧軍出身者が占めるようになった。彼らのなかには、人事にまで口を出すアメリカの権力を妬み、アメリカに服従することを拒む者もいた。警察予備隊の幹部（旧軍の将校）が増えてくると、米軍事顧問団の役割は減ってきたが、その影響が色濃く残ったことは間違いなかった。

警察予備隊初代総監の林敬三が最初に取り組んだのは、警察予備隊の基本的精神を確立することであった。林総監は「警察予備隊の基本精神は愛国心、愛民族心である」（林敬三「総監就任に際しての訓話」一九五〇年一〇月）と呼びかけた。それは、警察予備隊の基本的任務が「国防」であることを口にできなかったからであり、苦肉の策から出た発言であった。

一国の軍は、国家を守るために戦うという国民の強い意志と価値観が反映された道徳的規範を持たなければならない。ところが、戦後の日本社会は自衛隊に戦うことを求めず、それを反映して自衛隊は「戦うことを前提としない武力集団」となった。戦うことを前提としなければ、「魂」がなくてもあまり痛痒を感じなかった。

アメリカから日本に要求されたのは、まずは人員と装備を揃え武力集団として外見を整えることであった。その要求に応えるために、隊員の処遇改善や質的向上まではなかなか手が回らなかった。

より深刻な問題は、本当に戦うことになったときに必要とされる要件が後回しにされたことである。例えば、弾薬や燃料の備蓄不足や法制度の未整備は、現在にまで尾を引く大きな課題となっている。なかでも重大な禍根として残されていたのは、戦わないことが望まれているものの戦うことを前提としておかねばならない自衛官としての「魂」の問題であった。この矛盾は、自衛隊の組織文化に様々な面で影を落としていたのである。

―4― 戦わない自衛隊の組織文化

(1)「有事型自衛官」と「平時型自衛官」

本来、軍とは外敵の脅威を見据えて組織化されるもので、一朝有事には国家の力を端的に武力の形で体現するために、膨大な人員が一つの指揮系統に従って手足のごとく動かなければならない。このことは、どこの国の軍にも共通して要求される機能であろう。しかし、軍隊内の人間的な組織原理、ことにその精神的な信条あるいは教義は、その国の社会および社会の精神的風土を特色づけている文化によって異なり、著しい特質が見られる。

自衛隊も例外ではなく、有事に必要な装備を整え訓練してきたが、求められるべき組織、装備、人員、訓練の在り方等に首尾一貫した統一性があるわけではなかった。

特に、自らを「軍人」であると是認する隊員と、武人である前に安定した職業として自衛官を選択した隊員との間に内面的不整合があった。「戦わない」ことが固定観念としてある者と、そうとは言いつつ実際に「戦う」ことまでを視野に入れていた者では、当然、使命感や死生観にも差異が見られた。

それは、自衛官の性格を「有事型」と「平時型」に二分化した。自衛隊に適合していたのは、明らかに後者であった。いつかは戦うことを意識して軍事や戦略を貪欲に学び、作戦・戦術能力および戦闘技術の向上に専心努力する有事型自衛官よりも、失敗せずにうまく組織の維持・運営ができる平時型自衛官が求められた。

失敗しないためには事なかれ主義となり、他人の領域には口出しをしないようになる。それによって硬直した縦割り組織ができるのは日本文化の特性であろう。多くの教訓は失敗を通して得るものだが、自衛隊ではその失敗をつくり出すことさえ憚《はばか》られたのでイノベーションが起こりようもなかった。

そのような組織文化において、たとえ平時型自衛官であっても求められる自衛官像は「有事型」でなければならないとする虚勢のような空元気があったように思える。

例えば、市ヶ谷のオフィスにおけるデスクワークを望み長期間勤務している幹部ほど「部隊だ、第一線勤務だ」と口にする。少なくとも、指揮官の統率に求められたのは、表面的には有事型自衛官を演じられることであった。しかし、過度に「武人」であることを態度に表すと、逆に「軍神」かのように揶揄され、組織のなかで浮くこともあった。

観閲式やパレード訓練等に執拗に時間と労力をかけるのも虚勢の一部であったのではなかろうか。パレードが上手な軍が精強とは限らず、その逆も然りである。しかし、戦わないことを前提とした武力集団となれば、体面を重視して自らの存在を誇示していくしかなかったのであろう。

自衛官のサラリーマン化と中傷される時代もあった。日本はもう二度と戦争をすることはないという社会の価値観と平和的文化の空気が自衛隊のなかにも漂い、それが自衛官としての「魂」の持ち方に微妙な温度差をもたらしていた。

(2) 脅威認識の相違

自衛官に平時型から有事型の幅をつくった理由の一つに、脅威に対する認識度の違いがあったことは事実であろう。脅威を実感できなかったのは国民だけでなく、陸自隊員も同じだったのかもしれない。

領海・領空警備を任務としている海上・航空自衛隊は、直接的であれ間接的であれ平素からソ連軍を目の当たりにしていた。だが、四周環海の島国日本では陸地での国境警備はなく、陸自隊員がソ連兵を目視できる機会は皆無であった。大抵の国が国防政策において仮想敵を想定するのは、持つべき軍事力の目標を設定するだけでなく、軍人に明確に敵を意識させ、「魂」を宿らせるためである。

実際に視認できない「敵」を意識し緊張感を維持するのは、容易ではなかった。訓練は、見えない

「敵」を相手に緊張感を持続しつつ実施しなければならなかった。「訓練のための訓練」に終わらないように部隊では、「実戦的訓練」がしばしば謳われ、実戦を思わせる状況下で訓練を行うことが奨励された。そのようなスローガンが叫ばれたのも、裏を返せば実戦を意識した訓練に限界を感じていたためであろう。しかし、どのように工夫しても見えざる敵を見えるように再現し、自己暗示にかけることには限界があったように思う。

陸自が相手としていたのは、演習対抗部隊であった。隊員は、肉体的・精神的負担を自己に課すことで満足感を得ていたが、訓練成果が有事にどれだけ役立つものなのかは未知数であった。作戦・戦術においても、実際にはほぼあり得ない状況での判断や行動が求められ、一種の頭の体操になってしまった。部隊運用を学ぶことが目的ではあったとしても、問題は仮想世界から抜け出し現実の世界に応用できないことにあった。

部隊では銃剣道、持続走、射撃等の各種競技会が、闘争心・戦技の向上、体力錬成、団結力の強化等を目的として実施された。また、競技会で部隊を勝利に導くことは、指揮官の統率力を養成する格好の手段とされた。だが、有事となったときに平素の訓練成果を実状況に適応できるか否か、それは誰も経験できなかった。

明確に敵を認識できないことのフラストレーションは、自衛隊内部の争いに転嫁された。どこの国の軍にもある現象だが、自衛隊でも陸・海・空の間で予算獲得や将官ポストの奪い合いといった熾烈な争いが繰り返された。軍種間だけでなく、一つの軍種の職種間にも、それはあった。

脅威の質や量が変化すれば、それに応じて軍種や職種が保有すべき装備や人員の比率に変化があって当然である。だが、切迫した脅威認識を抱くことなく、しかも戦うことを前提としていないのであれば、その争いは軍事的・戦略的合理性から離れた狭い組織利益を優先するセクショナリズムに堕ちがちになった。

（３）部隊偏重主義

部隊は自衛官としてのアイデンティティをつくる大切な場であるが、軍事組織は実戦部隊だけで成り立つものではなく、国防のためには多種多様な機能が必要とされる。しかし、自衛隊には部隊偏重の組織文化があり、それが戦うことに必要な知性の涵養を妨げ、「魂」の形成に温度差をもたらしてきたことも事実であった。

自衛官ほど多種多様な職務経験ができる職業は他にない。演習場では泥まみれになり幾日も風呂にも入らず、周囲の自然環境と一体化する日々もあるかと思えば、都会のオフィスで防衛力整備の仕事に携わることや、世界各国で外交官の一員として華々しい任務に就くこともある。また、他省庁や民間企業で研鑽を積むこともあれば、教育、研究、情報分野等、広範囲な職域で勤務する機会に恵まれる。それだけ、自衛隊とは様々な分野を結集した自己完結型組織であり、多彩な能力を持ち合わせているのである。

むろん、そうした多様な職務が部隊での勤務経験を基盤にしていることは間違いない。ところが、自衛隊では組織基盤としての部隊をあまりにも偏重し、その代償として、国防や安全保障に限らず、実戦において本当に必要となる専門的知識および専門性を有する個人を等閑視する傾向があった。

それは一般隊員というよりも幹部自衛官について言えることである。部隊を円滑に運用・維持することや術科を優先してきたあまり、戦略的思考が欠如し、視野が狭くなりがちとなった。画一的な思考と集団性が重視される一方で、個性や知性の涵養は軽視され、組織全般としては脆弱になったのではなかろうか。

戦前の陸軍大学校では、師団・軍レベルの作戦戦術が教育され、国務と連携して戦争を指導し、戦力を造成できる広い視野の人材育成を目的とした教育を怠ったと言われている。陸大の教育は、論理性や冷静な合理思考を欠き、主観的・独善的で、哲学的思索を軽視し、政治・経済・社会・技術・国際情勢に関する一般教養への配慮が薄く、あまりにも精神主義的であったと語られている（横地光明『自衛隊創設の苦悩　その実相と宿痾』）。

自衛隊ではある程度改められてきたとは言うものの、教育内容の比重については陸大の轍を踏んでいる。有事には必要となる軍事戦略、情報、国際法、戦争法、語学等について専門的に学ぼうとしても、キャリアの本道から外されやすかったために、関心はあっても専門家になることを躊躇する幹部自衛官も少なくなかった。

序章で紹介した米陸軍のインリン中佐は、「対テロ戦を理解するためには外国語の知識が必要であるのに、陸軍において外国語を話すことができる将軍は四人に一人しかいないし、社会・人文科学分野で修士・博士号を取得している米軍将官（中・大将）は二五％にすぎない。アメリカは創造的な知性と精神力を持った将軍を欲している」と将軍の知的能力を痛烈に批判している。

軍事の専門家であるならば、対象国の軍についての知識だけでなく、軍事の周辺にある政治や外交まで理解しなければならない。インリン中佐の指摘する米軍の数字は、自衛隊に比較すればはるかに高く、むしろ尊敬に値するほどである。それほど自衛隊は、いざ戦うことになったときに勝つために本当に必要な最先端の知識の習得と人の養成を疎かにしてきたのではなかろうか。自衛隊には、部隊運用はできても広く深く軍事を学び「軍事の専門家」と称せる人がどれだけいるのだろうか。

もちろん、軍人や自衛官に必要とされるのは知性や知識だけではない。有能な軍事研究者や官僚が優秀な自衛官となれるわけではなく、自衛官に必要な素養というものがある。しかし、自衛隊に限らずどのような組織であれ、組織の良し悪しは人で決まり、その組織を構成する人々が備える教養の深さと幅によって組織の強度は変化する。

部隊重視が行き過ぎて、安全保障に不可欠な高度な教育と研究が軽視されてきたことは否定できず、学ぼうとする者に対する偏見が依然として残されている。例えば、研究科（大学院）を受験し学びたいと言えば、上司や先輩から「自衛官とは部隊にいるものだろ」と叱られ、教育を終え部隊に戻るとまず浴びせられるのは「長期間遊んできたのだから……」とする辛辣な皮肉である。人事関係者からの質問は、「学位を取得できたか」であり、「何を学んできたか」ではなかった。

筆者が幹部学校で戦略教官をしていたとき、ある知人から安全保障に関する国際セミナーに参加しないかと誘いがあった。世界数カ国の若手オピニオンリーダーが富士山裾野の保養施設に集まり、一週間缶詰め状態で安全保障について討論するセミナーであった。対外試合を経験する絶好の機会だと思い、上司に出張を願い出た。すると「お前はそんな暇があったら富士の裾野で匍匐《ほふく》をしてこい」と罵声を浴びせられた。

結果として理解ある先輩方の説得により何とかセミナーに参加できたが、それに類似したような事例はいくつもあり、自衛隊全般に漂っていた空気そのものであったのではなかろうか。ちなみに、そのセミナーで学んだ内容やそこでつくった人脈は、その後の仕事に大いに生かされた。

部隊偏重は、世界のどこの軍隊にも見られるものである。人の集団である部隊が機能するためには、統率力や協調性、体力や戦技、豊富な経験等が求められ、知性だけで軍の任務を果たすことはできないからである。例えば米軍でも部隊重視は当然とされている。しかし、それとともに優れたソルジャー・スカラーも育っている。

前述したように、軍学校を卒業したのち一般大学に派遣されて博士の学位を取得している軍人が少なくない。専門分野も、科学技術だけではなく軍事史や国際関係論、組織論等に及んでいる。ペトレイアス（David Petraeus）陸軍大将は国際関係論の博士号を持ち、退役後、中央情報局長官となった。マクマスター（Herbert McMaster）陸軍中将は軍事史の博士号を有し、現役のまま国家安全保障問題担当大統領特別補佐官に就任した。二人ともイラクやアフガニスタンで輝かしい軍歴を有している。

他方、ソ連・ロシアの軍人は軍以外の施設・学校で軍事学以外の一般教養を学ぶ機会をほとんど与えられていなかった。しかも国防省は主に軍人だけで構成されていたために、文民による政治的思考が欠けていた。そのため、ソ連は冷戦が終結しても、しばらく冷戦志向から抜け出せなかったという。マサチューセッツ工科大学（ＭＩＴ）のポーゼン（Barry Posen）が、保守的な軍隊においては文民が交わらなくしてイノベーションは起こりにくいと指摘している通り、ソ連では、軍人が「暴力の管理」の専門家だけにとどまっていたことで、新しいアイデアに対する受容性が低かったのが原因としてあった（菊地茂雄「冷戦の終結とソ連・ロシア軍の脅威認識変化」）。

（4）戦うための知行合一

自衛隊は米軍と同じになる必要はないが、本当の知性とは実践を伴う「知行合一」によって意味をなす。遺憾ながら、自衛隊にはそうした組織文化が育たなかった。

安全保障を担う組織であるのならば、多種多様な知識と専門能力を必要とする。教育と研究に積極的な組織ほど、有事には強靭性を発揮するに違いない。また、現場を知っている実務者がアカデミズムの世界に入ることで、反対に安全保障研究を高めていくことにもなり、双方に相乗効果をもたらす。

もちろん、自衛隊においても年々、人材育成の充実が図られている。諸外国との防衛交流参加を含め、国内外で多様な経験を積む自衛官は増えていて、他の職業よりも視野を広める機会を与えてもらっていると言っても過言ではなかろう。総合商社や広報会社等を含め様々な部外研修制度も設けられている。

かつてはごく一握りの幹部自衛官にしか与えられなかった社会科学系の大学院教育も、現在は防衛大学校に総合安全保障研究科が設立されたことにより、より多くの幹部自衛官に高度な安全保障を学ぶ機会が与えられているし、海外留学や国内外シンクタンクで研修する道も開かれている。修士・博士号の学位取得者も増え、専門的な研究成果も発表されるようになった。

多彩な能力を有した人材がたくさんいながら、部隊偏重が邪魔をして、その能力を組織として生かし切っておらず、宝の持ち腐れとなってはいないだろうか。

また、内局、統幕、陸海空幕僚監部等、中央において政策に携わる自衛官は人事的に比較的序列の高い者となるため、高度な専門知識を持ち合わせていても序列が低ければ、中央での勤務に携わり、その知識を政策に生かす機会でさえ限られたものになる。

しかし、これには軍事組織ならではの免れ得ない理由がある。初級・中級幹部時代はどうしても自衛官として必要な術科や戦技を学ぶ必要があるため、それらを犠牲にして他の専門知識の習得を優先すると、当然、自衛官としてのプロフェッションは劣ることになる。反対に上級幹部になってから専門知識を学ぼうとしても、教養を高める程度の知識しか習得できないであろう。時間的な限界があるなかで、一人の自衛官がゼネラリストとスペシャリストの両方を兼ねることは無理があり、組織としては部隊勤務を優先せざるを得ないのだ。

『失敗の本質』では、日本軍の組織上の失敗要因として、人的ネットワーク偏重の組織構造、属人的な組織の統合、学習の軽視、プロセスや動機を重視した評価と分析している。それらは自衛隊の組織文化とも少なからずオーバーラップしている。戦前は日清・日露戦争の勝利がもたらした成功体験に対する過剰適応が日本軍を失敗に導き、戦後は戦中・戦後の失敗体験に対する過剰適応が自衛隊を形づくった。しかし、それは日本軍と自衛隊だけではなく、日本国民と社会の過剰適応によるものでもあった。

異なる脅威と社会情勢の影響を受けて形成された軍事組織であっても、同じ日本人による組織である限り、その体質に大きな変化があるものではない。つまり、日本軍も自衛隊も日本の民族的特性をまとった組織であり、日本の基層文化を土台としていることに変わりはないのである。

だが、自衛隊は今、従来とは異質の脅威に直面している。工業化社会時代の消耗戦を遂行する軍では、将来の脅威には対応できなくなっている。部隊勤務から得られる知識や経験だけでは、これからの安全保障に対応できない。自衛隊には大きな意識改革が望まれる。アカデミズムを排斥せず尊重し共生を図ることは、自衛官に共通の「魂」を入れ込むために必要な重要な意識改革の一部なのであろう。

(5) 戦わない組織の人物査定

一般企業には倒産する危機感がいつもつきまとっていることから、利潤の追求といった全社員が一丸となれる明確な目標が与えられている。他方、非生産的組織であり、しかも倒産する危険もない自衛隊では、隊員個人の目標や価値観は様々である。戦わないことが望まれていたとしても、戦うことを意識しておかなければならない共通の「魂」の創造は容易ではない。

多くの幹部集団の関心は、戦略論議よりも昇任や役職といった人事に向けられる。そもそも平素の自衛隊では、何によって人の評価がなされてきたのであろうか。自衛隊は営利企業とは異なり、特に営業成績のようなものがない。したがって人物査定の基準は、主に学校成績で定められる。初級幹部時代は、学業のほかに体力、協調性、統率力等の運動部系の能力が特に重視された。学校成績でつけられた序列によってある程度、その後の自分の立ち位置が決まり、よほど失敗しない限りその位置はほぼ保たれる。

人事は評判人事と言われるように、職場や同期生の人物評価も重要な鍵となる。人づきあいが苦手な一匹狼では評価が下げられるため、宴会には必ず出席するなど、仲間との結束を強めることにエネルギーを消費するようになる。

アイゼンハワーは、士官学校を平凡な成績で卒業したため少佐の階級に一六年間もとどまっていた時期があり、初級・中級将校時代には言わずもがなエリート将校とは呼べない地位にあった。しかし、同僚が毎夕、パーティに明け暮れていたとき、一人で読書に勤しんでいたという。アイゼンハワーはアメリカ大統領にまでなったが、自衛隊ではよほど運が良くなければそのような幹部に道は開けない。

仲間意識は軍隊に不可欠な団結力を高めるための必須の要件である。しかし、その結束は外敵に向けられるべきもので、内に向けられるものではない。戦前の軍隊が派閥をつくり、逆にそれが将校団の結束を揺るがしたように、マイナスに作用することもある。ノモンハンやガダルカナルの作戦を主導した服部卓四郎や辻政信、インパール作戦を実行させた牟田口廉也のように、独断専行による無謀な作戦の責任を問われることなく、失敗に対する重いお咎《とが》めもなかったのは仲間意識によるもので、それは組織を堕落させる一面も持ち合わせている。

中級・上級幹部になると、初級幹部時代に重視された運動部系の能力よりも企画力や独創性を求められるようになるが、たとえそのような能力や優れた戦略眼を有していても初級幹部時代に出遅れてしまうと、人物像の固定観念を覆すのは容易ではなく、その能力を発揮する機会も与えられないことになる。階級章を常にぶら下げている組織では、階級が価値判断の基準となり、階級を超えたところに存在する能力は認知されにくい。

潜在的な能力があっても過小評価される者もあれば、実際の能力が低くても人間関係と要領、旺盛な自己顕示力によって過大評価される者もいる。相性や個人的な好き嫌いに任せ、または自分の能力内でしか部下や学生を評価できない上司や教官に遭遇してしまうと、能力を発揮することなく組織のなかに埋没することになる。反対に過去の学校成績により高い階級には就くものの、問題解決や改革に手を出さない者もいる。自衛隊においてそれが許されてきたのは、与えられた地位に備わっていなければならない能力を求められる機会が、現実としてなかったからであろう。

戦前の軍人は、何だかんだ批判されても国家の存亡を担い、高級将校の性格や能力は国家の命運に作用した。しかし、自衛隊では自隊内に影響するだけで、組織の管理者としての職務にとどまり、能力を外で発揮することは望まれなかったのである。最近は自衛官が書籍を出版したり、メディアに登場したりする機会も多くなったが、以前は現職で書籍を出版するような自衛官は出世しないと言われていた。

国民が日常において抑止の成果を認識できないのと同じく、自衛隊は客観的に人の能力の評価を累積していくことに不慣れであった。それは、いざ戦うことになった場合に、「何が必要で何が不足しているか」を平素から見つけ出していないことを意味した。独創性や異質性を排除した組織は保守的になり、硬直化しやすい。当然、そのような組織にイノベーションは起きようもなく、事なかれ主義の組織文化が定着するだけである。「戦える」自衛隊を目標に努力していながら、どこかで「戦わないこと」を是認し、本当に戦いに必要な人物を重用してこなかった結果なのである。

他方、アメリカ海兵隊がイノベーションを繰り返してきたのは、それなくしては組織の存続が危ぶまれたからである。実戦を繰り返してきたことにより「何が必要か」を知り、常に改革に対する意欲が組織全体に行き届き、「不易流行」を心がける文化があったからにほかならない。

5 日本社会によってつくられた自衛隊の「魂」

(1) 自衛官のアイデンティティをつくる部隊生活

部隊偏重主義の文化があるとはいえ、部隊はすべての職務の基盤をつくり、自衛官として必要な経験を積み、プロフェッションを確立する大切な場であることは、繰り返すまでもない。部隊経験を積まずして自衛官の「魂」はできない。

部隊で汗をかく経験は何よりも大切とされる。陸上自衛官であれば、ずっしりと肩にくい込む背嚢《はいのう》の重さと、それを背負って不眠で行軍するつらさや疲労、砂利の上を匍匐前進する痛み、大雪のなかで陣地構築や歩哨に立つときの寒さ、闇夜のなかでの手探りの行動を体験する。あらゆる気象条件を熟知し身を守りつつ行動する手段、危険を予知する直感、団結心の醸成、部隊を指揮・統制する統率の難しさ、複雑な組織間の調整手段、部隊行動や準備に要する時間・展開の尺度等を、身をもって学ぶ。それは、教範を熟知すれば会得される「紙上談兵」ではなく、経験を積まなければ得ることができない暗黙知のようなものだ。

小銃弾の一発が人の命を奪う怖さも知る。普段は虫一匹殺すのもためらう隊員が、人を殺傷する武器と常に隣り合わせで行動しなければならない重圧と責任は、想像以上に重い。自衛官は、いかに鍛え抜かれていても疲労には耐えられず、人間のすべての欲求が遮断されたときの肉体的・精神的苦痛を知っている。

これらは、多かれ少なかれ自衛官が経験することであり、そこから自衛官特有（あるいは軍人特有）のマインドとアイデンティティが生まれる。それは、自衛隊のような軍事組織を経験した者にしか理解できないものであり、経験のない軍事研究者や軍事評論家には到底理解が及ばない安全保障の根底にある暗黙知の共同化なのである。

近年、先進国では戦車が削減されているが、日本も例外ではない。大平原における戦車戦でもない限り、戦車の価値は低下したと考えるのが一般的であろう。しかし、実戦を経験した兵士は、装甲化され火力・機動力を備えた戦車の万能性を別の視角から評価している。戦場において負傷兵の救護をしたり、休息をとったりするとき、トラックよりも戦車の陰に隠れていた方が安心だというのだ。なるほど、そのような感覚は、実戦を経験した者にしかわからない。

ビスマルクは「愚者は経験に学び、賢者は歴史に学ぶ」と言う。しかし、軍人は経験を積まずしてプロフェッションを確立できず、他人の失敗から学ぶことはできない。そして、失敗を含めた幾重の経験が、究極的には自他の命を救うことにつながっていく。

様々な理由で自衛隊に入隊する新隊員が、その後、立派な自衛官となり、それなりの使命感を持つようになるのは、体力と戦技が備わり、プロフェッションを自覚するようになるからである。何よりも部隊生活から学ぶ団結心と連帯感の醸成が、「魂」の形成に大きな役割を果たしている。

営内生活は旧軍と同じく平等社会であり、身分や出自、学歴の差別はなく、経験に重きが置かれる。新隊員は部隊に配属されると、すぐ上の先輩や営内班長から公私にわたって手取り足取り教育を授かる。部隊内に限らず中・小隊長や先輩陸曹が家庭に招き家族ぐるみのつきあいをしながら、隊員を労わることもある。同じような悩みを持ち時間を過ごしてきた先輩との触れ合いは、後輩隊員を自然と立派な自衛官として、社会人として育てることになる。そして、その教えを受けた隊員も後輩が入隊してくると先輩から受けてきたように教育を施し、それが繰り返されていく。このようなシステマティックな人間関係が、自衛官に必要な使命感の醸成に役立ってきた。

そのような組織を最優先にする連帯感が形成されると、組織に迷惑をかけるような不作為や裏切りは恥ずべき行為として、自己より組織を優先する意識が芽生える。それは、体面重視や集団監視主義といった戦前の日本文化に見られた精神構造とは異なるものであろう。

組織への所属感、自分の仲間を裏切ってはならないとする組織への忠誠心と強固な紐帯は、旧軍との間にもある。戦前の軍隊に対する否定的な態度は、軍事的常識や旧軍が持っていた良いものまで否定してしまったが、旧軍と自衛隊には一本筋が通った共有性がある。旧軍とは無縁のようで、自衛隊は戦前の軍の伝統をどこかで引き継ぎ、無意識のうちにも踏襲してきた。

例えば、現連隊の名称は変わったとはいえ、その前身である旧○○連隊はどこで手柄を立てたとか、戦前・戦中にその部隊が背負ってきた歴史と伝統を自衛隊になった現在においても誇りとして受け入れている。

一八八九年に改正された徴兵令では、兵については本籍地での徴集が原則化され、各連隊は郷土部隊化された。特に主兵とされた歩兵連隊では、郷土色が濃厚となり、郷土の名誉のため奮闘した。そのような気風は、自衛隊にも、そして自衛隊を受け入れている自治体にも残されている。

軍隊とともに地域や鉄道も発達し、師団司令部や鎮守府が置かれた街は、軍都として栄えた。軍とともに地域は発展し、現地住民を含めて旧軍の影響は目には見えない形で自衛隊に継承された。それらの伝統は、自衛官に過去の栄光と誇り、および地域住民に貢献しなければならないとする責務を自覚させた。これも、自衛官としての「魂」なのではなかろうか。

（２）社会によって育まれた自衛官の「魂」

自衛隊は、戦後の歪んだ平和主義のなかで行動を厳しく制限され、閉塞感に悩まされてきた。戦わないことを前提としていた自衛隊は、普通の国の軍隊となり米軍のようなプロフェッショナリズムの高い軍となることに憧れを抱いてきた。軍事専門集団としての自衛隊の能力は抑制されてきたが、汗水をたらし、ときには生命の危険を冒しつつ、困難な訓練に臨んできた。

脅威認識の差異や部隊偏重主義、狭いセクショナリズムが存在していたとはいえ、自衛隊が与えられた任務を正々と遂行できたのは、自衛官としての使命感やプロフェッショナリズムが育まれ、共有された「魂」が無意識のうちに形成されていたからにほかならない。

政治や行政は自衛隊の外面をつくってきたが、内面まではつくれなかった。自衛官の「魂」は、意外にも相対立していたかのように思われた社会との関係のなかで形成された。序章で紹介したように、社会の逆風にさらされながらも自衛隊は、「愛される自衛隊」「信頼される自衛隊」を目標に、自分たちを理解してくれない社会と向き合ってきた。

その過程において、自衛官には自己抑制、規律、謙虚さ、他者への思いやりなど高い精神性が育まれた。まさしく、武士道が大切にしている義・勇・仁・礼・誠・名誉・忠義等が自然と自衛隊のなかに蘇生され「魂」となったのである。

もちろん、平素から「武士道の精神」を意識して勤務していたわけではないが、日常の生活態度の基底にあるものにほかならない。そして、自衛隊が損得の関わる商業的利潤を追求する組織ではなかったからこそ、その魂は純粋に育まれ、「平時型」であれ「有事型」であれ、自衛官は虚心坦懐に国民に奉仕する公共心を持つに至った。

既述したように自衛隊の前身は米軍の要請によってつくられ、そこに戦後の日本文化は何一つ反映されていないように思われた。しかし、自衛隊は日本文化や価値観を十分に受けて国民とともに発展してきたのだ。たとえ戦うことを前提としなくても、魂はつくられる。

戦後の日本は「専守防衛」を国防の基本政策として選択した。武士道の教義にある「守りのための武力」と「専守防衛」は相通ずるものがある。勝海舟は幾多の暗殺者の標的となる運命にあったが、勝は人命を奪うことを嫌い、罪のない他者を斬らないように心がけていたという。武士は武力を持っているからこそ、むやみに武力を振り回すことを慎み、お互いを監視し合った。武士道とは、まさに己に厳しく、他人に優しくする精神であった。これは日本人の生き方そのものであり、自衛隊にも日本的文化が十分に反映されていたのだ。

そのように考えると、戦後の日本社会と自衛隊は相反する対立項にあったように捉えられそうだが、実は両者はともに日本独自の安全保障の姿をつくり上げてきたのではなかろうか。しかし、それはまだ十分な状態にあるとは言えず、また、国防は他国への優しさだけでは成立せず、将来の脅威に対応するためには「勝つための魂」を育むことが必須である。

６　社会との共感によってつくる「勝つための魂」

戦前・戦中の失敗に対する過剰適応として、戦後の日本社会では、武士道の精神や大和魂といった人や組織が行動するために必要な原動力となるような精神的価値が軽視され、形として見える物質的価値が重視されるようになった。

しかし、自衛隊は「魂」なくして自分たちの存在意義を見出すことができず、「魂」を着々と形づくってきた。東日本大震災において、自衛官は被災した自分の家族の救助をよそに、真っ先に被災地に駆けつけ救護にあたった。注目すべきは、地域社会への支援・貢献を通じて身につけた地域住民への思いやり、相手の立場に立って洞察する「共感」の姿勢である。

その「魂」は、ＰＫＯや災害派遣等の国際貢献、イラク派遣などで示された現地の人々に対する態度でも示された。自衛隊は数々の国際貢献活動での実績を積み重ね、日本的な謙虚さや他者への思いやりといった「魂」をもって任務を遂行してきた。それによって派遣先の現地住民に温かく受け入れられただけでなく、世界の人々に日本的文化をまとった自衛隊を知らしめることになった。

華々しい作戦の成功で脚光を浴びる米軍の陰で、自衛隊は米軍の手が行き届かない準軍事的任務を地道に行い高い評価を得た。ところが、自衛隊への評価とは対照的に、米軍は基本的に相手国の文化を理解するのが苦手なようだ。独善的で相手の文化を理解しようとしないアメリカの戦略についても然りで、マクマスター中将は「戦略的ナルシシズム（strategic narcissism）」と呼んでいる。戦いの文脈の無視、希望的観測、敵の過小評価、過度な単純化、歴史を学ばない健忘症、非現実的な目標の追求等の特徴とともに、他国文化に対する無関心・無知をアメリカの戦略文化の一部として批判している。当然、それらの戦略文化は米軍にも投影されている。今、アメリカに必要なのは、自衛隊に備わっているような他者への「共感（empathize）」にほかならない。

現在の戦争は、文化の戦争になったという指摘がある。軍人でさえも他国・他民族の文化をよく知らなければ、安全保障という任務を遂行できなくなっている。米軍はイラクとの戦いにおいて、相手国の文化の理解が不可欠なことを痛感した。

スケールズ（Robert H. Scales, Jr.）米陸軍少将は、現在の戦争を「文化中心の戦い」と呼び、戦争に勝つには、軍事面以外の優位性を生かし、他者の意図を読み、他者と信頼関係を築き、他者の世論を変化させ、認識をコントロールするといった、自分と異なる人々とその文化、動機を理解する並外れた能力を必要とすると述べている。それは、『孫子』における「敵を知り己を知れば百戦して危うからず」の教えに通じている。

繰り返しとなるが、自衛隊は他者に共感することを「魂」、すなわち組織文化の核としている。この組織文化は、日米の堅固な同盟関係をさらに強化する方向に作用するであろう。本来、同盟には価値の共有や利益の一致が不可欠だが、同盟の実体は軍事協力にあり、軍隊間の結束と信頼関係なくしては、強力な同盟になり得ず、戦いに勝つこともできない。

米軍は今後、宿痾《しゅくあ》のような「戦略的ナルシシズム」を克服しなければならない。自衛隊は同盟国の軍事組織として、自らの経験にもとづき、他者への共感の在り方を、それこそ他者（米軍）への共感を込めて伝えることができる。そしてそれは日米同盟のより一層の強化をもたらすに違いない。

おわりに

戦後の日本は、安全保障を努めて疎遠にしてきた。しかし、北朝鮮が矢継ぎ早に行う核・ミサイル実験や中国の海洋進出、そしてロシアのウクライナ侵攻等により、冷戦期とは異なり国民が身近に脅威を認識するようになったことで、自衛隊への期待が急激に高まっている。

それに伴って自衛隊も、仮想ではなく実想定のなかにおいて戦うことを意識し、自国で対処できるミサイル防衛網を構築し島嶼防衛をはじめとする国土防衛能力を高めつつある。訓練も「訓練のための訓練」ではなく、戦うことを前提とした訓練に変化している。国民の大きな期待とプロフェッショナリズムの進化とともに、長年にわたる社会との共生の経験から、武士道に根差した他者への「共感」を組織の「魂」として蘇らせている。

新しい脅威は、日常社会に平時と有事の区別もなく迫ってくる。これに対して、今こそ自衛隊は社会と一体となって「勝つための魂」を持たなければならない。その際、自衛隊が国民社会との間で磨いてきた共生感覚と共感は、極めて重要な意味を持つであろう。そして今、求められているのは、国民による自衛隊と共有する「魂」であり、それなくしては安全保障は確立されない。

自衛隊は自国内の厳しい社会環境のなかで、人々がいかに考え、何を求め、何を好まないかを常に問うてきた。国や社会のために何ができるかを考え学び、実践することで、人々の思いを共有・共感しようと模索してきた。その成果は国内社会で認められ、海外でも評価されるようになった。しかし、今、自衛隊および日本社会に必要なのは、巧妙な権謀術数にたけた手ごわい脅威に負けないための「勝つための魂」である。

【参考文献】

飯塚浩二（1968）『日本の軍隊――日本文化研究の手がかり』評論社
植村秀樹（1995）『再軍備と五五年体制』木鐸社
内海倫（2008）『内海倫 オーラル・ヒストリー〈警察予備隊・保安庁時代〉』防衛研究所
大嶽秀夫編（1991）『戦後日本防衛問題資料集』第一巻、三一書房
加藤陽三（1979）『私録・自衛隊史――警察予備隊から今日まで』財団法人防衛弘済会
菊地茂雄（1998）「冷戦の終結とソ連・ロシア軍の脅威認識変化」『新防衛論集』第二六号
エリオット・A・コーエン（2007）「無知の戦略――アメリカ（1920―1945年）」『戦略の形成――支配者、国家、戦争』中央公論新社
香田洋二（2023）『防衛省に告ぐ――元自衛隊現場トップが明かす防衛行政の失態』中公新書ラクレ
小宮豊隆編（1993）『寺田寅彦随筆集』第五巻、岩波文庫
西川吉光（2010）「日本の戦略文化と戦争」『国際地域学研究』第一三号
ローレンス・フリードマン（2018）『戦略の世界史――戦争・政治・ビジネス（上）』（貫井佳子訳）日本経済新聞出版

横地光明（２０２０）『自衛隊創設の苦悩　その実相と宿痾——警察から生まれた軍隊でない武装集団　警察予備隊・保安隊・自衛隊』勉誠出版

吉田茂（１９６７）『日本を決定した百年』日本経済新聞社

和辻哲郎（１９８２）『鎖国——日本の悲劇（下）』岩波書店

Barry Posen (1986) *The Sources of Military Doctrine: France, Britain and Germany Between the World Wars*, Cornell University Press.

Davis B. Bobrow (1993) "Military Security Policy," in R. Kent Weaver and Bert A. Rockman, eds., *Do Institution Matter: Government Capabilities in the United States and Abroad*, Washington D.C.: Brookings Institution.

Herbert. R. McMaster (2020) *Battlegrounds: The Fight to Defend the Free World*, Harper: Illustrated.

Paul Yingling (2007) "A failure in generalship," *Armed Forces Journal*.

第3章

実践知の蓄積

自衛隊任務の変遷

はじめに

自衛隊は、戦後創設された日本独特の軍事組織である。朝鮮戦争の勃発を契機に一九五〇年八月に創設された「警察予備隊」は、その名の通り軍隊とは一線を画する警察的性格が強調されていた。その後、一九五二年に「保安隊」となり、一九五四年には陸海空「自衛隊」として発足した。自衛隊は国防のために存在するとの目的が明確化され、警察的性格の公共の秩序維持の任務は副次的なものとなった。

創設以来その出自から独特な変遷を経て現在に至ってきた自衛隊は、その法的性格や任務規定に関して、各国の軍隊と比較しても特有な側面があることも否定できない。しかし、自衛隊は、国際法上は軍隊として取り扱われており、自衛官は軍隊の構成員に該当するものとされている。

自衛隊法では、当然のことながら日本を防衛することが「主たる任務」であり、必要に応じ公共の秩序の維持にあたることが「従たる任務」として位置づけられている。国防という、自衛隊にしか果たし得ない最も重要な任務を基本とし、必要に応じて治安出動、災害派遣、対領空侵犯措置などの公共の秩序維持、そして国際平和協力活動などを行うとされている。

冷戦末期の一九八〇年代に任官した筆者の世代は、国防、公共の秩序維持、国際平和協力活動という自衛隊の所掌するほとんどすべての任務に、まさに現場の当事者として関与し、参加することになった。

そこで本章では、まず自衛隊の「主たる任務」である国防任務の戦略思想の変遷や特性を考察し、冷戦期の北方重視から、冷戦終結後の脅威の変質に応じた戦略重心の変化、特に南西防衛態勢と水陸両用作戦能力の強化について考察する。次いで、公共の秩序維持の代表例である災害派遣に関して「東日本大震災」に着目しながら、国民との共感の視点から考える。そして最後に、自衛隊に冷戦後の新しい任務として与えられ、試行錯誤しながら取り組んできた「国際平和協力活動」について、その経緯と進化の過程をたどることとしたい。

1　自衛隊の国土防衛任務の変遷と戦略的アプローチ

(1) 対ソ抑止と北方重視の戦略構想

第二次世界大戦の終結後間もなく、アメリカとソビエト連邦の超大国が対立した冷戦時代が始まった。自由主義陣営を代表するアメリカと、共産主義・社会主義の盟主を自任するソビエト連邦の二つの超大国を中心に世界が二分され、強大な核戦力を背景に厳しい対立構造が続くことになった。同時に、小さな国際紛争も、米ソを巻き込む大戦争に発展する危険性があるとして一定の抑制が働き、ある意味世界の秩序が保たれていた時代だったかもしれない。

冷戦構造のなかで、日本の役割は大きかった。ソ連に近接し、特に核戦略のなかでも第二撃能力としての潜水艦発射弾道ミサイルを展開するための聖域となっていたオホーツク海は、ヨーロッパ正面のバレンツ海と並び、戦略的に極めて重要な地域とされた。

米ソ冷戦時代、旧ソ連において非常に重要と言われていたのがスカンディナビア半島、ヨーロッパ正面のバレンツ海、そして太平洋正面のオホーツク海だった。その理由は、核ミサイルを撃てる潜水艦が遊弋できる最適の場所だったからである。

核バランスは、大陸間弾道弾（ＩＣＢＭ）、爆撃機から発射する巡航型の核ミサイル（ＡＬＣＭ）、そしてもう一つが潜水艦から発射する弾道ミサイル（ＳＬＢＭ）であり、この三種類が「核の三本柱」と言われている。

これらにはそれぞれ利点、欠点があるが、一般的に最も発見されにくいのが海中にある潜水艦である。仮に核ミサイルの第一撃を受けても、生き残った潜水艦が反撃（第二撃能力）することが可能であれば相手も第一撃を思いとどまることから、核の相互の抑止力が成り立つことになる。旧ソ連にしてみると、第二撃能力を持つ核ミサイルを搭載した潜水艦を安全に展開できる場所が、このバレンツ海周辺とオホーツク海周辺の二カ所だったと言われている。

しかし、オホーツク海も旧ソ連にとって１００％安全であるわけではなかった。それは北海道があったからで、日本が北海道を領有し防衛態勢を強化しているためにオホーツク海から北太平洋一帯の海域を自由に行動できない。したがって、情勢が緊迫すると、有利な態勢を獲得するために北海道に侵攻するのではないかとして、北日本を重視したのが冷戦期の自衛隊の戦略であり、西側の大きな戦略の一部として非常に有効だったと考えられる。

自由主義陣営にとっては、この地域をソ連に自由に使用させないことが緊要であり、北海道など北日本に日本の防衛努力を集中し、西側同盟の一員としての貢献を進めた。そのため、平時から陸上自衛隊の主要部隊を北海道に展開し、人員充足も最新式の装備も北日本に重点的に整備された。また、有事にあっては、米軍の来援が到着するまでの期間、限定的な侵略に対し独力で対処できることが必要とされ、防衛力整備の準拠ともなっていた。

（２）冷戦終結に伴う脅威の変質と戦略重心の変化――低強度事態へ

一九八九年一一月にベルリンの壁が崩れ、次々と東欧諸国の民主化が進んでいった。同年一二月には、アメリカのブッシュ大統領とソ連のゴルバチョフ書記長が地中海のマルタ島で首脳会談を開催し、米ソ冷戦体制の終結と新しい世界秩序の形成で合意した。第二次世界大戦から約半世紀にわたって世界を二分してきた冷戦が終焉し世界が大きく変わり、冷戦構造のなかで日本が果たしていた役割や位置づけも大きく変わっていくこととなった。

しかしながら、一九九〇年八月にイラク軍がクウェートに突如侵攻し、湾岸戦争が勃発することで事態は一変した。冷戦が終わり世界に平和がもたらされるとの希望は瞬時に砕かれ、現実となったのは国際社会の一層の混乱と戦禍の到来だった。

冷戦時代は、小さな地域紛争も何らかのきっかけで米ソを巻き込んだ核戦争に発展する可能性があるとして、ある意味では封じ込められていた時代だったのかもしれない。しかし、この蓋をしていた米ソ間対立構造が消滅すると、パンドラの箱を開けたかのように、東西冷戦の時代には封じ込められていた民族問題や、宗教、領土、経済など様々な問題が吹き出したというのが、冷戦後の秩序ではないかと考えられる。

冷戦の終結と国際社会の変化は、当然自衛隊にも大きな変化を求めることとなった。これまで、米ソ対立のなかで自由主義陣営の一員として、対ソ抑止を中核に日本の領域を防衛することを大半の任務・役割としてきた自衛隊にとって、湾岸戦争の発生と国際秩序の変化は大きな変容を求めるものとなった。

すなわち、これまでのソ連の脅威への対応を中心とする態勢から、日本の領域を超えて世界のなかでの貢献が問われるとともに、地下鉄サリン事件や北朝鮮情勢の緊迫化、9・11アメリカ同時多発テロの発生などにより、国内においても平時と有事の区別が困難なグレーゾーンにおける役割も期待されることとなった。

冷戦期においては、ソ連の本格的な着上陸侵攻に対応するためハイエンドな戦いが予想され、装備も訓練も高強度紛争を想定するものだったが、冷戦後はＰＫＯや災害救援、またテロ対策など、低強度事態への対応も求められることになった。

（3）中国の急速な軍事力強化と対外膨張姿勢への対応——南西防衛戦略構想

Status Quo をめぐる厳しい対立のはじまり

冷戦の終結による戦略環境の変化によって、日本を取り巻く環境も、自衛隊の役割も大きく変化してきた。そして、近年特に日本の安全保障に大きな影響を及ぼしているのが、中国の急速な軍事力強化と対外的な冒険主義的行動である。このことは、日本の安全保障戦略を左右するものになっていると言えよう。

まず、地政学的側面から見たとき、冷戦時代の北日本重視の態勢からその向きが南西地域に変わってきたことが考えられる。それは、まさに中国が国力を強化し、「偉大なる中華民族の復興」をスローガンに、国際ルールや共通の価値観とはかけ離れた自分たちに都合の良い強大な世界秩序をつくろうという狙いを持ってこの地域での影響力を強めているがゆえと考えられる。

中国は第一列島線、第二列島線という言葉を使用するが、北からカムチャッカ半島、千島列島、北海道、本州、九州から南西諸島、沖縄、台湾、そしてフィリピン、ボルネオ島と引かれたのが第一列島線とされ、第二列島線は関東から伊豆諸島、小笠原諸島からグアム島・サイパン島があるマリアナ諸島、そしてニューギニアに至る線とされる。

最近の中国の動きを見ていると、第一列島線の内側、すなわち南シナ海と東シナ海を内海として自分の敷地内と見なし、他国からの干渉を一切拒否するような姿勢を示している。また、第一列島線と第二列島線の間は、影響力を行使してアメリカなどのパワーが入ってこないように軍事力を強化しようとしているのが実態である。

これは地図の見方を変えると理解しやすいだろう。日本列島を大陸の方から見ると、日本列島はどういう場所にあるだろうか。ユーラシア大陸のロシア、朝鮮半島、中国を手前にして太平洋を上にして見てみると、日本列島がいかに太平洋とユーラシア大陸に接する非常に最適な場所にあるかわかる。そしてその大きさについても、北方領土の択捉島から南の与那国島までの距離は約三五〇〇キロメートルあり、この距離をヨーロッパで比較すれば、スカンディナビア半島から北アフリカまでの距離に相当し、ヨーロッパがすっぽり入る。それだけ南北に長い日本列島が、ユーラシア大陸にぴったり張りつくように位置し、大陸側から見ると太平洋への出口を扼する場所にあり、戦略的・地政学的に日本列島がいかに重要かということがわかる。そして、パワーバランスを維持しながらインド太平洋地域を安定させる意味でも、南西地域を確実に保持し、防衛態勢をしっかりと維持しておくことが非常に重要である。

「南西の壁」戦略の構想

このように日本を取り巻く戦略環境を考えると、力を背景に軍事的な拡張と挑発を増す中国、非常に不安定な朝鮮半島情勢、そして冷戦時のリベンジとも思われる最近のロシアの動向など、これら大陸の勢力は、現状に満足せず自らに都合のいい秩序をつくろうとしているように思われる。

日本をはじめ世界の多くの国々は、自由・民主主義・人権・法による支配など、様々な共通の価値観を共有し、これらにもとづく国際秩序を築いてきたが、現在直面しているのは、我々が守らなければいけない秩序を自分たちの都合で変えようとしている勢力と対峙している状況ではないだろうか。すなわち、現状の秩序維持をめぐる大きな力のぶつかり合いや対立が今ここに起きているということだと考える。

中国、北朝鮮、ロシアなどの国々が自分たちの望ましい状況に変えるため、軍事力を背景にあらゆる方法を行使する動きに対して、日米同盟を中心に国際社会が結束してこれをしっかり食いとめる。そして、足元で起こる災害やテロ等の様々な事態にも備えるという環境に、我々は直面しているのだろう。

では、日本は具体的にどうすべきか。そこで、日本の戦略態勢の転換ともいうべき南西防衛態勢の強化、いわゆる「南西の壁」戦略が構想されることとなった。

日本の東西南北の国境は、すべて島嶼である。最北端が択捉島、最南端が沖ノ鳥島、最東端は南鳥島、そして最西端が与那国島。特に、近年の東アジアの戦略環境を考えるとき、与那国島から九州まで連なる南西諸島は、前述の通り日本の安全保障上最も注目されているところである。そして、最近の防衛大綱や中期防衛力整備計画等でも、島嶼防衛態勢の充実強化の方向性が強調され、以下のようなポイントで具体化が進んでいる。

戦略的空白地域への部隊配置

その第一は、南西諸島地域への平素からの部隊配置である。これまで南西地域における陸上自衛隊の配置は沖縄本島に限られ、九州最南端の佐多岬から沖縄本島までの約六〇〇キロメートルと、沖縄本島から与那国島までの約六〇〇キロメートルは戦略的な空白域となっていたが、その懸念を解消するため、長年の悲願であった陸上自衛隊の新しい駐屯地が二〇一六年三月に与那国島に開設された。

一九七二年に沖縄が本土に復帰して以来、現場の部隊はもとより自衛隊中枢を含めた国防関係者が常に検討していたことは、南西諸島への部隊配置の可能性だった。与那国島は、台湾との距離わずか約一一〇キロメートルに位置する日本最西端の国境の島であり、日本の安全保障の最前線でもある。この島に部隊が新設されたことの意義は大きい。

そして、「二二大綱」（二〇一〇〔平成二二〕年決定の「防衛計画の大綱」）から着手した与那国島への沿岸監視部隊配置を皮切りに、南西諸島に駐屯地が創設されることが決定された。二〇一九年三月に宮古島と奄美大島に、二〇二三年三月には尖閣諸島の所属する石垣島に、警備部隊や対空ミサイル部隊、対艦ミサイル部隊、兵站機能などを備えた島嶼配備部隊が新編された。

これらの南西地域における島嶼への部隊配備によって、空や海からの侵略を防ぐ様々な最新鋭の装備も運用されることになり、東シナ海から太平洋に抜ける海峡部分をしっかりとコントロールできる態勢が整備されることは、極めて重要な価値がある。

また、この南西諸島に隊員と家族が住み、地元住民の理解と支援を受けながら地域と一体となって新しい駐屯地が開設・運用されることは、非常に大きな意味がある。平素からの災害対応や民生支援はもとより、グレーゾーンから有事への防衛態勢を充実させ、日本の主権と、国民保護など住民を守る態勢も強化されることになる。

既に南西諸島の新しい駐屯地に配属された隊員たちは、自らがその市民・町民となって島の行事やボランティア活動にも積極的に参加するなど地元住民との絆を深め、隊員に帯同した家族・子弟は学童の減少傾向にある現地の学校で大歓迎されて地域の活性化に寄与しているが、これも極めて重要な国防の姿である。

全国から南西地域への機動展開による対処能力の強化

第二のポイントは、南西地域での対処能力の強化である。前述の通り、かつて米ソ冷戦時代には有事に全国の部隊を北海道に集中することによって西側の一員として戦略的優位をとる北方重視戦略が主体であった。

しかし、今後は全国から実力部隊を南西地域に迅速に機動展開させ、島嶼での防衛態勢をしっかりと整えることによって、侵攻を未然に防止（抑止）する。そして、万一事態が生起してもできるだけ早く対処・収拾できるように、様々な機能と能力を近代化し、充実強化しようとしている。

このためには、機動展開に適した編成・装備の部隊をつくること、また海空自衛隊や民間の輸送力の強化も重要となる。さらに、火砲やミサイルなどの火力、指揮統制通信、情報警戒監視、兵站・衛生のような作戦基盤、無人機等の新装備など、あらゆる分野にわたり島嶼対処能力を強化するための能力を質・量ともに向上していくことが求められる。

水陸両用作戦能力の強化と水陸機動団の創設

そして第三のポイントは、水陸両用作戦能力の強化である。水陸両用作戦を英語ではアンフィビアス・オペレーション（Amphibious Operation）というが、アンフィビアスは両生類の意味である。つまり、カエルのように地上でも水のなかでも自由に動ける両生類のような作戦ができる部隊を指す。陸上自衛隊では二〇〇二年に創設された西部方面総監直轄の西部方面普通科連隊が、水陸両用作戦の能力向上に中心的な役割を果たしてきた。

そして、二〇一三年に策定された「二五防衛大綱」にもとづき水陸機動団の創設が決定され、二〇一八年三月に佐世保市の相浦駐屯地で新編された。このことによって自衛隊の水陸両用作戦能力が大きく強化されることになった。

つまり、南西地域に多数存在する有人・無人の島嶼が万一侵略を受けることがあっても、必ずこれを取り返すことのできる近代的な水陸両用作戦能力を備えることは、相手に対して侵略の意図を断念させることにつながるという意味で大きな抑止力となる。さらに、平素からの部隊配置と機動展開能力の強化によって、南西地域全体の総合的な抑止力が大きく向上することになる。

自衛隊が水陸機動団という水陸両用作戦能力を創設し、その機能を強化するにあたっては、アメリカ海兵隊から学んだことも多かった。そのいくつかを挙げてみたい。

第一は、"Once a Marine, Always a Marine"である。「一度海兵隊に入隊したら、除隊しても一生海兵隊員としての誇りを胸に、アメリカ国民の模範として生きる」とのモットーは海兵隊を代表する言葉として知られているが、いかなる困難にも決して挫けない強さと組織の一体感を醸成するものとして、いつも参考としていた。いかなる環境においても、自らの属する組織に誇りと愛情を抱き、上下左右の一体感を持つことはすべての原点だと感じていたが、それを表すのがこの言葉だと思う。

二点目は"Every Marine is a Rifleman(すべての海兵隊員はライフルマン)"も、海兵隊の特性を象徴する言葉として印象的である。本来ライフルマンは歩兵の仕事であるが、戦闘機のパイロット、戦車兵、砲兵、通信要員、後方支援要員など、海兵隊に所属するすべての隊員が入隊直後の教育で戦闘員としての基本的なスキルとライフルマンの意識を徹底的に教育される。いかなる戦場・環境にあろうとも、常に戦場の第一線にあるライフルマンが原点にあるとの意識を共有することの重要性は大きな参考になった。軍事組織においては、ともすればそれぞれの専門性が過度に強調され、横の連携の欠如や本質から離れた優越感などが蔓延しがちだが、アメリカ海兵隊にはライフルマンを原点としていることの強さを感じる。

第三は、ＭＡＧＴＦ（Marine Air Ground Task Force）の思想である。アメリカ海兵隊は究極の統合組織であり、水陸両用作戦の目的達成のために軍レベルの大部隊から大隊レベルまで、指揮機関・戦闘部隊・航空部隊・兵站部隊がセットとなって作戦を実行できるよう制度設計されていることは、海兵隊の歴史から生み出された教訓の反映だと思う。

そして第四が、常に自己改革と環境適応に取り組む柔軟な姿勢と知的態度の高さである。海兵隊の歴史は、困難な環境に直面しても自己改革を忘れず、過去のしがらみに拘泥しない発想で戦術戦法や装備を開発し、それを柔軟に適用してきたことにあるように思う。それを可能にしたのは、「９・11」部隊として、国家の最前線で高い即応性をもって任務にあたるという海兵隊の組織目的の共有であり、そのための人材登用や知的努力への敬意があるのではないか。

筆者の知る海兵隊の友人たちは、戦闘員としての野性味を備えつつ、常に高度な安全保障等に関する知見を持ち、研鑽を怠らない非常に知的な人々が多い。人間としてもリーダーとしても尊敬できるプロの軍人であり、これは特に海兵隊の上級幹部に多い傾向ではないか。

このようなアメリカ海兵隊の組織分野や特性から、我々が自衛隊の水陸機動団創設に際して感じたことは、以下のような点である。

第一は、地上生物から両生類へのコペルニクス的発想の転換である。日本の自衛隊は陸海空の三軍種で構成され、陸上自衛隊は陸軍種として発展してきたため、従来海については海上自衛隊の専門との意識があった。だが、水陸両用作戦は、単に海上を移動するだけでなく、着上陸後の作戦を含め陸海空のすべての領域を横断する作戦であることを改めて認識させられた。

本件検討の初期には、例えば、使用する地図でも陸の地図には水深が記載されておらず、海の地図（海図）には陸地の等高線などがなく、作戦領域の違いを痛感させられることもあった（もちろん、現在では改善されており問題は解消されている）。

また、隊員の泳力など基礎的能力、水中や塩害に耐え得る装備品の取得、水陸両用戦闘車両やオスプレーなどの新装備の導入、航空機や艦艇との連携など、我々にとっては、これまで地上で生活してきた陸上生物が陸上でも水中でも自由に動ける両生類というまったく別の生き物に生まれ変わるほどの変化を求められることとなり、その際にアメリカ海兵隊から受けた教育や支援は非常に有益であった。

第二は、真の統合への取り組みの触媒になったことである。自衛隊は、二〇〇六年から統合運用態勢に本格的に転換したものの、現場レベルでの統合の必要性を深く認識させられる機会となったのは、水陸両用作戦への取り組みの開始だった。

前述の通り、海兵隊からＭＡＧＴＦの思想を含め様々な助言を受けてきたものの、独立軍種としてのアメリカ海兵隊と、陸上自衛隊の一機能としての水陸機動団は、そもそも前提が異なる部分もあった。陸海空自衛隊が協力して作戦を実行しなければならないことは明白であり、このことが自衛隊の統合運用を促進するための触媒の役割を果たしてきたように思う。

水陸両用作戦の完遂という共通目標のためには、それぞれの自衛隊の機能や特性、限界などへの理解と共感が求められ、自衛隊の統合運用促進への原動力となってきた。

第三は、時代に適合するための自己改革とグローバルスタンダードへの適応の必要性に気づかされたことである。常に困難を克服して自己改革や新たな戦略を案出するアメリカ海兵隊の組織文化に触れ、我々も大いに刺激されるところがあった。

これまでの硬直的な姿勢では「How to fight」は深化できても、「How to win」には到達できないのではないか。勝つために何をすべきか、いかなる戦略を考えるかなど、新たな発想、新たな組織文化を生み出すきっかけになったように思う。また、水陸両用作戦への取り組みは、アメリカ海兵隊のみならず、世界各国の海兵隊との関係強化にもつながり、まさに時代に適合するための自己変革と環境適応の必要性、重要性を再認識させられる機会となった。

今や日本を取り巻く安全保障環境は一層厳しさを増し、朝鮮半島や東シナ海等での動向に見られるように、いつ、どこで、何があってもおかしくない時代と言っても過言ではない。二〇一五年九月に成立した平和安全法制においては「平時から、グレーゾーン、そして武力攻撃事態までのあらゆる事態」における「切れ目のないシームレスな対応」を可能にするということが謳われた。

万一の場合に切れ目のない対応を可能とする平和安全法制は、平時から有事までの時間や空間などに柔軟に即応し、警察・海上保安庁と自衛隊の緊密な連携や、日米安保体制の一層強固な機能発揮も可能となる。

しかしながら、これで十分ということではない。日本の平和と独立を守り、繁栄を維持していくためにはまだまだ多くの問題や課題が山積しており、ハード・ソフト両面での一層の努力が求められている。

(4) ウクライナ戦争と、日本の安全保障へのインプリケーション

冷戦後の約三〇年間にわたり、世界の安全保障の重心は中東地域に置かれてきた。一九九一年の湾岸戦争以来、二〇〇一年の9・11アメリカ同時多発テロを経て、この間アメリカをはじめNATO(北大西洋条約機構)各国などは、主として中東での対テロ戦争に取り組んできた。

日本も「テロ対策特措法」や「イラク人道復興支援特措法」などを根拠に、陸海空自衛隊がインド洋からイラクなど中東地域で活動を続けてきた。しかし、二一世紀の国際安全保障上で最も重要な正面は、中国の急速な軍事的台頭に対応するため、これまでの中東地域からインド太平洋地域に移ってきたと言えるだろう。

そのことを象徴する出来事が、二〇二一年八月の米軍のアフガニスタンからの撤退だった。アメリカは中国との戦略的競争に対応することを重視する方向に舵を切り、軍事力の展開を含めた安全保障上の努力を、日本を含むインド太平洋正面に重点形成するとしている。

そのような大きな戦略的な動きのなかで起こったのが、二〇二二年二月二四日に発生したロシアによるウクライナ侵攻ではないだろうか。ロシアは、アメリカをはじめとして国際的・戦略的な関心がヨーロッパや中東からインド太平洋正面に転換することを、この大きな国際安全保障環境の変化を自らの意図を実現する好機と見なしたのかもしれない。

国連安全保障理事会常任理事国として、本来は国際社会の平和と安全に責任を持つべきロシアが、二一世紀の現代に核兵器の恫喝まで見せてウクライナに軍事侵攻したことは、重大な国際法違反であ

り言語道断の行為である。しかし、それが現実に生起していることを認識するとき、このウクライナ戦争は、日本の安全保障を考えるうえで多くの教訓と示唆を与えているように思われる。

「兵は国の大事なり。死生の地、存亡の道、察せざるべからざるなり」。これは『孫子』冒頭の一節である。「兵」（軍事や安全保障）に関することは国家にとって最も重要で、国民の命と国家の存亡に関わることゆえ熟慮しなければならないとある。

日本は、今や世界で最も厳しい戦略環境の最前線に位置している。さらに世界は、ウクライナ戦争によって国際的な分断に直面し、エネルギー・食料・サプライチェーン・経済制裁などの政治・軍事・外交・経済などの様々な分野で影響を受けることになった。

「水と空気と安全はタダ」という平和な日常に慣れた日本人に、ウクライナ戦争は安全保障リスクが決して他人事でないことを教えてくれている。国際環境の突然の変化や連動、災害など不測の事態に対応できる危機への備えと、現実に立脚した議論の活性化が問われているのではないだろうか。

2　自衛隊と災害派遣――「国防」と「公共の秩序維持」の関係から

(1) 自衛隊と「災害派遣」の関係――国民との共感、国防への寄与

自衛隊の災害派遣への取り組みの契機と歴史的変遷

現在、災害派遣は自衛隊の本来任務の一つとして位置づけられ、国民からの期待も高い。三年ごとに実施される内閣府による「自衛隊・防衛問題に関する世論調査」の二〇一七年度の調査では、「自

衛隊に期待する役割」として「災害派遣（災害の時の救援活動や緊急の患者輸送など）」を挙げた割合が七九・二%と最も多く、自衛隊の最も中心的な任務である「国の安全の確保（周辺海空域における安全確保、島嶼部に対する攻撃への対応など）」の六〇・九%を大きく上回っている。日本において、国民が国防軍事組織である自衛隊に対して期待する存在意義が「国防」ではなく「災害派遣」であることは、ある意味自衛隊の位置づけを象徴しているようで興味深い。

特に、冷戦終結と時期を合わせるかのように、一九九一年の雲仙普賢岳火砕流災害以降、一九九五年の阪神・淡路大震災、二〇一一年の東日本大震災そして、二〇二四年元旦に発生した能登半島地震など、毎年のように大きな災害に襲われていることも関係しているのだろう。

そのため、国内においては、ともすれば非日常的な軍事的脅威に備える自衛隊の国防任務を実感するよりも、災害に際して自衛隊が出動し危険を顧みず住民を救出し、被災者によりそって救援にあたる隊員の姿を見ることは、国民にとって最も身近に自衛隊の存在を感じる機会であり、肌感覚での期待も大きいのかもしれない。

災害派遣の法的枠組みの変遷——要請手続きと「三要件」

自衛隊の災害派遣が法的に位置づけられたのは、一九五二年の保安隊発足以降であり、自衛隊の前身として一九五〇年に発足した警察予備隊においては、法律にもとづく任務ではなかった。その後、自衛隊の発足に伴う法改正で、自衛隊の災害派遣は「公共の秩序の維持」として位置づけられ、「災害により人命または財産に損害が及ぶ場合に、これらを保護する場合の自衛隊の応急的な救援活動」

として「自衛隊法第八三条」に「災害派遣」「地震防災派遣」「原子力災害派遣」の三つが規定されている。

基本的に、災害派遣は「要請があり、事態やむを得ないと認める場合」において防衛省・自衛隊は部隊を派遣することになっており、この「要請にもとづく派遣」が原則である。この場合の基準は「公共性」「緊急性」「非代替性」の三原則であり、「自衛隊でなければならないのか」が判断の基準となるが、我々は現場でしばしばこの判断に迫られた。

本来は「自助」「共助」があって、その後「公助」である自衛隊の災害派遣が視野に入れるところ、自治体側からは要請すれば何でも速やかに対応してくれる「便利屋」のように考えられることもあって、特に「公共性」や「非代替性」の原則との関係では悩ましいこともあった。

自衛隊の災害派遣態勢の進化

自衛隊の災害派遣態勢は、一九九五年一月の阪神・淡路大震災を契機に大きく改善されることとなった。阪神・淡路大震災までは、道路をふさぐ車両等の除去や倒壊した建物の撤去などは自衛隊の権限外で、いちいち警察と調整を要することがあった。そのため、自衛隊の救援活動を円滑にするための権限の付与や地方自治体からの要請手続きの円滑化が進められ、それまでは取得できなかった災害派遣用の器材も自衛隊の装備品として充実されることとなった。

また、地方自治体との連携を強化するため、退職自衛官等の地方自治体防災関係部局への採用も進められ全国各地で体制が強化されている。例えば、東京都の危機管理監など都道府県庁や市町村役場で防災危機管理監などとして配置され、各地の自衛隊の部隊との連絡調整など有形・無形の連携が格段に強化され、防災をはじめとした国民保護や危機管理等への対処能力の向上に寄与することとなった。

(2) 東日本大震災と自衛隊の対応——未曽有の国難に際して何を考えたか?

東日本大震災への取り組み

二〇一一年三月一一日一四時四六分、東日本大震災が発生したとき、筆者は市ヶ谷の防衛省で陸幕防衛部長として勤務していた。東北三陸沖の海溝型巨大地震の発生確率は高いとされ、以前から自衛隊は発生の可能性に備えて様々な準備を進めてきた。特に、当該地域を担当する東北方面隊は「みちのくアラート」と称する巨大地震災害対処演習を重ねており、発生を予期しての物心両面の準備を行っていた。

発生直後、震源地が三陸沖であることを確認し、ある意味想定していた海溝型巨大地震が発生したと認識するとともに、東北方面隊の各部隊は自動的に動くことを予期した。しかし、実際は想定を大きく上回るマグニチュード9(震度7)の巨大地震であることにすぐに気づかされることになった。

発災直後に駆けつけた地下指揮所では、地震発生の一五分後、一五時一分に離陸した東北方面航空隊のヘリから地震発生直後の現地の映像が伝送されてきた。突然、ヘリのクルーが海岸線に津波が押し寄せていることを報告してきた。目の前の映像で大きな黒い津波が沿岸部を襲い、家や車がのみ込まれていく光景を目撃することになった。そして、火箱陸幕長から、東北のみならず北海道から九州までの総力で対応するとの指針が出され、東北への部隊集中が始まった。

東日本大震災は、二正面作戦だった。それは、津波による甚大な被害から人命を救助し、行方不明者を捜索するとともに避難した住民を保護する、いわゆる従来型の災害救援と、これまでの災害とは異なる「原子力災害」への対応が求められたということだ。発生二日後以降に水素爆発を起こした東京電力福島第一原発の事故に伴い、その対応に関わることになった。

もともと、「原子力災害対策特別措置法」によれば、自衛隊は原子力発電所本体ではなく、モニタリングや住民避難の支援が主たる任務とされていた。しかし、相次ぐ爆発と混乱に自衛隊の関与が求められることになり、水素爆発した原子炉本体を冷却するため、地上からの注水に加えヘリによる空中からの注水も行うことになった。これが二番目の大きな任務となり、二正面作戦を行うこととなった。

また、自衛隊はこの未曽有の大災害に対して、いくつかの新しい取り組みを行った。

その第一は、これまでにない約一〇万名以上の隊員を東北地区の被災地に集中したことである。交代要員を含めると、陸海空の総力を挙げて対応したと言っても過言ではないだろう。

その第二は、災害対応のために初めて統合任務部隊（ＪＴＦ）を創設したことである。前述の二正面作戦に対応するため、地震・津波対応は東北方面総監が長となる「統合任務部隊東北（ＪＴＦ－ＴＨ）」と、原発対応は中央即応集団司令官が長となる「統合任務部隊原発対応（ＪＴＦ－ＦＦ）」の二つの統合任務部隊が防衛大臣直轄として編成された。これにより、各任務について、陸海空の部隊をそれぞれの統合任務部隊司令官が一元的に指揮することになり、統合運用の先駆けとなった。

第三は、地方自治体の代替となる機能補完である。災害派遣は各都道府県知事の要請により自衛隊が派遣されることが基本であり、各自治体と連携して救援活動を行うこととしていた。実際には津波により自治体の庁舎そのものが被害を受けたり、職員の多くが行方不明になって、自治体機能が麻痺しているところもあった。そのため、各地域に入った自衛隊の部隊が当初の救援活動を取り仕切る場面もあった。

第四は、予備自衛官の招集である。自衛隊には即応予備自衛官と一般の予備自衛官が所属しているが、創隊以来一度も招集されたことはなかった。しかし、このような大規模な災害に際して、派遣の勢力を補完するとともに予備自衛官の意欲に応える意味からも、防衛大臣の招集命令により多くの予備自衛官が災害救援に参加することになった。

共感と献身

東日本大震災では、これまでの災害派遣では考えられなかった広範多岐にわたる活動を行うことになった。しかし、その基本姿勢は、被災された人々によりそって行動することだった。「すべては被災者のために」を合言葉として、家族や家を失って悲嘆に暮れる被災民のために何をすべきか。発災直後は瓦礫のなかから人命を救出することであり、行方不明者の捜索と救助がメインだった。

そして、避難してきた被災民にはできるだけ早くから温かい食事を提供することにし、一方で隊員は離れた場所で冷たい缶詰めを口にする。ご遺体に対する対応も、発見したらまず合掌し、いかなる状況にあっても自分の家族と同じように接することとした。水没したところからも抱き抱えて収容するなど、隊員たちは決して命じられたわけではなく、本当に心のこもった行動に全力を尽くした。まさに自衛隊は共感の軍隊として、東日本大震災後の対応に臨んだと思う。

日米共同「トモダチ作戦」の実態と日米の絆――米軍を本気にさせたもの

もう一つ、東日本大震災で特筆されるべきものが、米軍と自衛隊との共同で実施された「トモダチ作戦」である。三月一一日の発災から一週間後、アメリカは日本の災害対応への支援を強化する方針を示し、それまで在日米軍司令官を長としていた態勢から、米太平洋艦隊司令官のウォルシュ海軍大将を長とする統合支援部隊（ＪＳＦ）を編成して、東日本大震災への支援を本格化させた。この米軍の態勢強化に対応して、自衛隊側も日米共同調整所（ＢＣＣ）を在日米軍司令部に設置し、筆者は急遽、統合幕僚監部付きでその所長に任命された。速やかに横田基地に赴き、司令官の隣のオフィスで連絡調整の任務にあたることとなった。

自衛隊が行っている二正面作戦に呼応して、アメリカの陸海空軍と海兵隊の部隊が全面的に日本での任務にあたってくれた。約二万名以上の兵員、約二百機の航空機、空母ロナルド・レーガンをはじめとする多数の艦艇も参加して、被災民への支援や原子力災害対応への専門家によるアドバイスなど、広範にわたる支援活動を展開した。

当時は、一日中ウォルシュ大将と行動をともにし、アメリカ側が実施するすべての会議に参加した。ときにはワシントンともテレビ会議を行って、アメリカ側に日本の対応の状況と考え方を説明した。とにかく、自衛隊と米軍の作戦に齟齬が発生しないよう全力で連絡調整の任務に取り組んだ。そして、自衛隊側の責任者である折木統合幕僚長と、米軍側の責任者であるウォルシュ大将の意思疎通を円滑にし、相互の信頼関係を高めることにも努めた。

約一カ月間、横田基地で勤務して痛感したことがある。それは、米軍人の日本に対する厚い信頼と献身の姿だった。米軍が国外で災害支援活動に従事するときは、通常最初に警備部隊を派遣する。それは、災害とはいえ混乱した地域では治安も乱れ、派遣部隊の安全を確保できないからである。米軍が被災地に展開するとき、ホバリングするヘリの上から支援物資を投下する映像が見られるが、それはヘリが着陸すると暴徒化した被災民が殺到して危険だからであり、それを回避するための行動と言われていた。

しかしながら、東日本大震災では、米軍は拳銃の一丁も持ち込まず完全な丸腰で支援活動に従事した。米軍のヘリは各地の避難所に向かったが、そこでは避難所の住民たちが秩序正しく整列し、ヘリのクルーに感謝してバケツリレーで受け取ったと聞いた。また、ある避難所では、着陸して支援物資を届けにきたと伝えたところ、ここは十分物資が足りているので他の避難所に渡してほしいと言われ驚いたとの声も聞いた。

未曽有の災害に遭遇し、最低限の生活も困難な環境のなかで、深い悲しみに堪え、他者を思いやり、懸命に復興に取り組もうとしている東北の被災者に接したウォルシュ大将をはじめとするアメリカの軍人たちは、異口同音に日本人の誠実さと忍耐強さ、そして民度の高さを称賛してくれた。また、原発災害に対するヘリによる注水を含め、最も危険な場所で自衛隊はじめ警察、消防、東京電力などの関係者が駆け付け、必死で事態の沈静化に取り組む姿を見て、米軍は日本への支援を本格化させたよにも思う。米軍を本気にさせたものは、まさに日本人の姿そのものだったように思う。横田基地における日米共同調整所での勤務を通じて、いつも米軍人と合言葉にしていたのが、"A friend in need is a friend indeed"だった。

(3) 各種災害への対応を振り返って――部隊長としての指揮統率

師団長としての経験――紀伊半島台風一二号大水害

東日本大震災への対応に一区切りがついた二〇一一年八月、近畿二府四県を担当する第3師団長に着任した。着任早々に直面したのが、紀伊半島を襲った台風一二号による災害だった。八月下旬から九月五日までの長時間にわたる大雨で、大規模な土砂崩れによる土石流の発生や山岳地帯の深層崩壊が多発し、河川の氾濫や道路の寸断などによって死者・行方不明者も多数発生する大災害となった。

県知事からの要請を受け、師団総力でこの災害に取り組むこととしたが、隷下部隊の主要な指揮官・幕僚が東日本大震災への派遣経験を有しており、初動から比較的スムーズに対処できた。ただ、東日本大震災と異なるのは、災害発生の原因が地震・津波ではなく豪雨のため、水の向きが海から陸地ではなく、山から海へ向かっていることだった。大水害によって道路などインフラが寸断され、山間の多くの地域が孤立して安否も不明な状態となっていた。しかし、水の力によって破壊された景況は驚くほど類似しており、被災者によりそって誠実に活動するよう心がけた。

災害派遣に限らず、作戦運用で最も基本的なことは事態認識であり、このため師団隷下の飛行隊が保有するヘリコプターや偵察部隊の能力を最大限に活用した。また、通信を確保するための中継施設の開設や、救援物資の補給なども先行して実施した。

災害はその種類、原因、被害などでまったく別のものとなるが、災害派遣で行うこと、その際の部隊指揮、運用、情報活動、兵站、関係機関との連絡調整、隊員一人ひとりの心構え、安全管理や健康管理などは共通のことがほとんどである。東日本大震災などこれまでの経験は、紀伊半島における災害派遣でもそのまま適用できたように思う。

西部方面総監としての経験――緊急患者空輸、火山噴火等

二〇一三年に西部方面総監に着任して、二〇一五年に離任するまでの間、日本列島の半分の領域を担当する任務を与えられ、「2＋1」が自らの重要な任務と認識していた。それは、朝鮮半島と、尖閣諸島を含む東シナ海という、西と南の二つの戦略正面への対応。プラス1は南海トラフ巨大地震など大規模災害への対応だった。

幸い、この「2＋1」に関して実際のオペレーションを発動することはなかったが、大規模災害を含めた様々な事態に備えて、平素からの情報収集、計画策定、訓練などを重ねていた。また、台風や豪雨災害などが日常茶飯事である西部方面隊にとって、災害派遣は決して特別な任務ではなく、通常の任務の一環として対応してきたものだった。なお、そのなかでも特異な災害派遣等としては、沖縄などの離島における緊急患者空輸、不発弾の処理などがあり、これらの任務はほぼ毎日実施されていた。

総監在任中に印象的だった災害派遣は、二〇一五年五月に発生した口永良部島噴火への対応である。

鹿児島県の屋久島に隣接する火山島の口永良部島が噴火し、約一五〇人の住民の全島避難命令が出され、鹿児島県知事からの要請を受けて部隊を派遣した。

口永良部島は以前から活発な火山活動を続けており、噴火警戒レベルも高い水準で維持されていた。このため、自ら事前に現地を偵察し、地元の関係者とも平素から連携するとともに、大規模な噴火が発生し住民の救助を行う必要がある場合に備えて、計画の策定や訓練など様々な準備を行っていた。

口永良部島での災害派遣は、西部方面隊にとっての主要な任務である離島における作戦の準備にも参考となるものだった。陸地から離れた場所での情報収集、海と空からの移動、通信や補給の確保、住民の避難誘導は国民保護と共通点があり、このような離島における災害派遣や防災訓練などは、防衛任務と公共の秩序維持との連接を感じさせるものだった。

（４）新型コロナウイルス感染症対応における自衛隊の役割と活動の意義

世界を大きく混乱に陥れた新型コロナウイルス感染症は、これまでの災害派遣とは異なる一種のパンデミックにかかる派遣活動となった。自衛隊は、二〇二〇年一月、新型コロナウイルスの発生源とされる中国の武漢からの邦人帰国に派遣されたチャーター機に看護官を同乗させ対応にあたるなど、国民の不安と関係機関の混乱が続くなかでも任務に就いていた。二月にはクルーズ船「ダイヤモンド・プリンセス」における支援活動が加わり、内外の高い注目のなかで活動が行われた。また、医師・看護師等の資格を持つ予備自衛官の招集命令も発出された。

全国の自衛隊病院では、ＰＣＲ検査陽性者の受け入れを行い、多くの陽性者を受け入れた。特に、自衛隊中央病院は前出の「ダイヤモンド・プリンセス」からの患者の受け入れでも中心的な役割を果たし、新型コロナウイルスに感染した乗客の六割が外国人であったため外国語通訳のできる自衛官を投入するなどして対応を行っている。さらに、二〇二一年五月からは、東京と大阪に新型コロナワクチンの大規模接種センターを開設。最大時には一日あたり一万五〇〇〇人に対するワクチン接種を担当して、国内の接種促進に貢献した。

多くの自衛隊員が長期にわたり、コントロール困難とされた新型コロナウイルスを相手にする医療活動の最前線で活動した。このようななかにあっても、派遣任務に従事した部隊・隊員にはほとんど感染者を出さなかったということに対しては、内外から高く評価された。

未曽有のパンデミックに際しても、平素からの訓練と高い知識と技能を発揮して自衛隊の部隊・隊員が適切に取り組みを行ったことは、国民の安心を担保するのに効果的であったし、このような自衛隊の能力に対する諸外国の高い評価も注目に値するものがあった。

新型コロナウイルス感染症という一種の「国難」に際して、ともすれば他の組織が混乱や迷走を繰り返すなか、自衛隊が整斉かつ敢然とこれに立ち向かい、やはり最後に頼りになるのは自衛隊であると国民から認識され信頼されたことは、自衛隊の歴史に特筆される活動であったと言えよう。

(5) 今後の災害派遣への視座——災害派遣を通じて醸成された国民の「共感」

自衛隊は、日本の平和と独立を守る国家防衛の組織であり、地方自治体や関係省庁が主体となって実施すべき災害への対応は自衛隊の本来の在り方ではないとする意見も多い。かつては「Last in,

First out」とされてきた自衛隊の災害派遣は、近年「First in, Last out」になっており、国防のための即応態勢や教育訓練に支障が出ることを問題視する声も聞かれる。

実際、災害派遣に出動すると、住民からの感謝と達成感から隊員たちの士気は上がり、国民と自衛隊との共感を促進させることにもつながる。また、部隊の指揮官としても、訓練では得られない実際のオペレーションの指揮統率を行う機会となり、部隊の作戦遂行能力の向上も期待できる部分もある。

しかしながら、災害派遣はあくまで災害対応であり、自由意志をもって対応してくる敵と武力をもって真剣勝負で戦う軍事組織本来の任務ではない。「災害派遣と待機態勢は部隊の練度を低下させる」と言われてきたことを思い出す。

災害が多発する日本において、自衛隊が献身的に国民のために活動することは当然であり、「本来任務」に位置づけられていることと矛盾はないのかもしれない。

しかしながら、災害派遣は「本来任務」のなかの「従たる任務」であり、「主たる任務」はあくまで「国防」である。災害派遣で被災地に迷彩服で駆けつければ、感謝の声で大歓迎される隊員が、訓練のために市中を移動すれば、自衛隊反対の声を浴びせられることの矛盾もそろそろ解消されるべきであろう。

災害派遣は、自衛隊創設当時から、国民の前に最も多く登場し、人命救助や被災民の生活支援など、災害という困窮の渦中にある国民に直接支援の手を差し伸べて、国民の共感を得る活動として評価されてきた。前述の通り、世論調査に見られるような国民意識の醸成に果たしてきた役割も大きく、頻繁に各種の災害に見舞われる日本の特性からも、災害派遣の位置づけと、国民の共感を得てきた自衛隊の存在とは不可分の関係があると思われる。

3 自衛隊と国際任務

(1) 日本と国際平和協力活動——その法的枠組みと任務の変遷

自衛隊が国際的な活動に参加することは、米ソ冷戦構造における日本の戦略的位置づけなど国際的な安全保障環境や、海外における武力の行使や武力行使との一体化などを禁ずる憲法問題等、自衛隊をめぐる国内の政治的・法的環境等もあり、長くタブーとされてきた。そして、遠洋航海や留学など一部の例外を除き、基本的に自衛隊が海外での任務を実施することはなかった。

しかしながら、一九八九年のマルタ会談を契機に米ソ対立の冷戦構造が崩壊することによって国際環境は大きく変化し、日本としても国際平和のために様々な協力が求められることとなった。

ここでは、一九九一年の湾岸戦争への対応から始まった日本の国際平和協力活動が、現在までどのように推移、進化してきたのかを、三段階に区分して振り返ってみたい。

一九九〇年代、日本の国際平和協力活動の揺籃期

第一段階は、一九九〇年代、日本の国際平和協力活動の揺籃期である。冷戦後の国際環境の変化を受けて、湾岸戦争への協力を企図した「国連平和協力法案」は、イラクのクウェート侵攻から二カ月後の一九九〇年一〇月に国会に提出されたものの廃案となった。しかし、翌九一年一月に開始された

湾岸戦争が四月には停戦となり、同月には海上自衛隊の掃海部隊がペルシャ湾に派遣され、これが自衛隊創設以来、初めての海外での任務となった。

一九九二年には、新たに提出された「国際平和協力法（PKO法）」にもとづき、初めて陸上自衛隊の施設部隊が国連カンボジア暫定機構（UNTAC）へ参加し、新しい国家建設に取り組む国連とカンボジア政府とともに約一年間の任務を完遂した。

そして、カンボジアへの派遣以降、モザンビーク、ゴラン高原へのPKO派遣や、ルワンダ難民救援のための人道支援、あるいは中米ホンジュラスへの国際緊急援助隊派遣など、世界中に国際的な活動が拡大することになった。

冷戦後の防衛力の在り方を定めるために一九九五年に策定された「〇七大綱」においては、防衛力の役割に関して本来の任務である「わが国の防衛」に加え、雲仙普賢岳火砕流災害や阪神・淡路大震災、また地下鉄サリン事件など大規模な災害やテロなどの事態における自衛隊の活動を踏まえ、「大規模災害等各種の事態への対応」が記された。そして、前述のように国際的な任務への参加と防衛交流、軍備管理・軍縮などへの関与の拡大を踏まえて「より安定した安全保障環境の構築への貢献」として国際平和協力活動が正式に位置づけられ、自衛隊の任務の一つとして明確に認識されるようになった。

9・11アメリカ同時多発テロとテロとの国際的な戦い（GWOT）を受けた任務の深化

第二段階は、二〇〇一年の9・11アメリカ同時多発テロと、その後の「テロとの国際的な戦い（G

ＷＯＴ）」を受けた、派遣形態の変化と任務の深化である。同年に「テロ対策特措法」が制定され、海上自衛隊は、従来の国連ＰＫＯとは異なるアメリカを中心とする多国籍の有志連合の枠組みのもとで、二〇〇七年までインド洋での各国艦船への燃料補給等の協力支援活動に従事した。

また、二〇〇三年三月にはイラク戦争が勃発し、五月の主要戦闘終結宣言の後に策定された「イラク人道復興支援特措法」にもとづき、陸上自衛隊は二〇〇六年、航空自衛隊派遣部隊は二〇〇九年まで、イラクにおける人道復興支援活動や輸送活動など、より烈度の高い任務を担うこととなった。

また、二〇〇一年には国際平和協力法が改正され、平和維持隊（ＰＫＦ）本体業務の実施が可能となり、二〇〇七年には、国際平和協力活動が自衛隊法に規定される本来任務となった。国連でも、二〇〇〇年の「ブラヒミ報告」を受けて、伝統的なＰＫＯの在り方が、より積極的・強制的な方向へ変化する時期でもあった。

日本としては、二〇〇二年から二〇〇四年まで東ティモールＰＫＯ（ＵＮＴＡＥＴ、ＵＮＭＩＳＥＴ）へ施設部隊が、二〇一〇年には国際緊急援助隊派遣に引き続くハイチ安定化ミッションＰＫＯ（ＭＩＮＵＳＴＡＨ）へ、創設間もない中央即応集団隷下の中央即応連隊等が派遣された。一方で、一九九六年から長年派遣されてきた「ゴラン高原における兵力引き離し監視隊（ＵＮＤＯＦ）」が、シリア情勢の悪化に伴う派遣条件の変化により、二〇一二年一二月に任務を終了することとなった。

「平和安全法制」の成立（二〇一五年）から現在に至る段階

第三段階は、二〇一五年の「平和安全法制」の成立から現在に至る段階である。「平和安全法制」

においては、従来困難であった「駆け付け警護」「宿営地の共同防衛」「任務遂行のための武器使用」、多国籍軍部隊等への後方支援などを可能とする「国際平和支援法」等の法的枠組みが整備され、これまで以上に国際社会の平和と安定のために貢献することが可能になった。

他方、法的枠組みの整備は行われたものの、二〇一七年五月には南スーダン共和国ミッションＰＫＯ（ＵＮＭＩＳＳ）の部隊派遣が終了し、約二五年継続・発展してきた日本の国連ＰＫＯへの部隊参加は近年行われていない。しかしながら、派遣規模の多寡にかかわらず、日本の国際平和協力活動は、制度、能力、態勢、いずれの面でも進化してきたと言えよう。

おわりに

警察予備隊、保安隊を経て自衛隊という形で、創設以来たどってきた道のりは決して平坦ではなかったが、その任務は治安維持から国防、そして冷戦後は国際任務にまで拡大し、そのための法制度、組織・編成などが逐次整備され、今や列国にも引けをとらない近代的な防衛力を備えた組織に進化している。さらに、自衛隊の任務・役割は、従来の陸海空といった伝統的な領域を超えて、宇宙領域・サイバー空間・電磁波領域など新たなドメインに拡大している。

自衛隊が、日本の平和と独立を守るという基本的な任務を中核として存在し活動することは言を俟たないが、新しい領域への任務・役割の拡大など、今後の安全保障環境の変化にも柔軟に適応し、いかなる状況においても与えられた任務を確実に遂行し得るよう一層の変容と改革が求められることになろう。

第4章

武士道と戦略文化

イラク派遣現場での発見

はじめに

二〇〇一年の9・11アメリカ同時多発テロは、ＰＫＯ等の国際平和協力任務への参加を通じ海外における自衛隊の活動の幅や質を深化させてきた自衛隊にとって、大きな転換となる出来事だった。

第3章で外観した通り、「9・11」直後に開始されたアフガニスタン戦争（「不朽の自由作戦（ＯＥＦ）」）に関しては、海上自衛隊のインド洋における給油支援が実施され、イラク戦争（「イラクの自由作戦（ＯＩＦ）」）に関しては、自衛隊創設以来、初の戦地派遣ではないかとの議論もある任務に派遣されることになった。二〇〇七年七月の任務終了まで、陸上自衛他は約二年半イラク南東部のサマーワにおいて活動した。また、空輸任務に従事する航空自衛隊は、クウェートを拠点に約五年間にわたり活動した。

筆者は、最初の派遣部隊指揮官（第一次イラク復興支援群長）として、二〇〇四年二月にイラク南東部のサマーワに赴いた。今でも、イラク戦争の傷痕が残り秩序も混乱した現地において、試行錯誤しながら活動した日々を鮮明に思い出す。本章では、自衛隊のイラク派遣から二〇年経った今、現地での活動の実態を振り返ってイラク派遣とは何だったのか、実際に派遣された者としての印象や、日本と自衛隊にとっての教訓、そしてその後の影響などについて考察したい。

１　イラク戦争と自衛隊のイラク派遣までの道のり

（１）自衛隊のイラク派遣の決定と、派遣に向けての準備

二一世紀を迎えた直後の二〇〇一年九月一一日、アメリカで同時多発テロが発生した。テロリストによってハイジャックされた民間旅客機が、ニューヨークの世界貿易センタービルとワシントンの国防総省に突入・自爆し、何千人という無辜の市民の命を奪った卑劣なテロ行為に対し、アメリカのみならず世界は「テロとの戦い」を開始することとなった。

このテロとの戦いは、実施主体の相手もその意図も不明確で、従来の伝統的な戦争の形態とは大きく異なるものだった。のちに実行犯はアルカイダというイスラム過激派ということが判明し、その根拠地であるアフガニスタンの拠点を制圧するために、アフガニスタンにおける戦争が始まった。

そして、アフガニスタンに引き続き、二〇〇三年三月には大量破壊兵器保有とテロ支援の可能性等を理由にイラク戦争が開始された。イラク戦争は米軍を中心とする多国籍軍によってほぼ一方的に行われ、イラク軍は劣勢のままバグダッドまで占領され、約一カ月半で大規模な武力行使が終了した。五月一日にはブッシュ大統領によってイラク戦争終了が宣言された。

これを受けて、日本国内ではイラクへの自衛隊派遣の可能性が急激に高まってきた。大規模な武力戦闘が終結した五月以降、戦後復興を中心に参加の可能性が検討され、同年七月二六日にイラクの国家再建を支援するための自衛隊派遣を可能とする「イラク人道復興支援特別措置法」が国会で成立し

た。アメリカなどからは「Two thousand boots on the ground」と、陸上自衛隊の隊員一〇〇〇人規模での派遣が期待されるとの意向も伝えられた。また、派遣場所についても米軍等多国籍軍の作戦に直接寄与するため、バグダッドの北部地域のいわゆる「スンニ・トライアングル」での後方支援に従事することなども検討の俎上に上がった。

イラク派遣の是非が国内において大きな議論となっていた政治的背景や、現地情勢、諸外国との調整など様々な理由により、日本としてイラクへの自衛隊派遣が最終的に決定されるまでは一定の時間を要した。海外における武力の行使や武力行使との一体化を禁ずる日本の法的特性、現地調査やイラク当局等との調整などの結果、イラクの戦後復興に焦点を当て、現地ニーズの高い人道復興活動を行うこととなった。そして、数次の現地調査や、イラク暫定統治機構（CPA）や有志連合参加国との調整などを踏まえ、イラク南東部のムサンナ県のサマーワを拠点に活動することが決まった。

現地イラクでは、大規模な武力行使は終了したとはいえ、相次ぐ爆弾テロなど治安情勢は依然として混迷を深めていた。国内外からは戦後初めての戦地派遣などと報道されるなかで、これまでの国際平和協力任務とは次元の異なる、烈度の高い厳しい任務となることを覚悟せざるを得ない状況だった。

前述の通り、自衛隊の国際任務は冷戦の終焉に伴って開始され、国連PKOや人道支援、また、海外での災害発生に際してその救援のために派遣される国際緊急援助活動など、その活動は質・量ともに拡大してきた。しかしながら、これらの活動は自衛隊の主たる任務ではなく、「本来の任務に支障のない範囲で行う」性格のものであった。国防のために設計されている自衛隊の組織がそのまま派遣されることはなく、あくまでそれぞれの任務ごと、臨時に派遣部隊を編成して任務を実施するスタイルとなっていた。

筆者が初代の派遣部隊指揮官を命じられたのは一〇月下旬だったが、この歴史的任務に初代指揮官として参加できることは大変貴重で名誉なことで、自衛官冥利に尽きる任務だった。その一方で、早ければ年内、少なくとも三カ月後の出発を念頭に準備に取りかかった。この際、特に念頭にあったのは、「編成」「訓練」「兵站（ロジスティクス）」、そして「心の準備」の四項目だった。

(2) 部隊編成上の着意事項――臨時編成のなかでの固有編成の尊重と多彩な人材の確保

自衛隊の編成業務は明治建軍以来の伝統を誇り、国防の任務を遂行するための人員規模と装備を詳細に検討して部隊を編成することになる。今回のイラク派遣の任務は、その意味では異例の状況のなかで、国防のためというよりも海外における人道復興支援を任務とする部隊を臨時に編成するもので、その典型的な特徴が部隊の「イラク復興支援群」という名称に表れていた。

群の指揮官「群長」は現役の「普通科（旧軍では歩兵）連隊長」であり、一〇〇〇人規模の部隊を称するのは「連隊（regiment）」が国際標準である。しかし、「連隊」の名称は国防任務に使うもので、臨時編成には「群（group）」を使用することとなっていた。そのため、一般には理解しにくい「イラク復興支援群」という名称となった経緯がある。

本来であれば、長い歴史と伝統を持つ固有編成の部隊、自身が連隊長を務める「第3普通科連隊」をそのまま率いていくのが最も容易で当然と思われるかもしれない。しかし、固有編成の普通科連隊ではイラクにおける人道復興支援という任務に適合することができないため、指揮機関である「群本部」の下に公共施設等の復旧支援を行う「施設隊」、医療・衛生支援を行う「衛生隊」、そして飲料水を生産補給する「給水隊」の三つの部隊を置いた。これらが人道復興支援を直接行い、それを支える「本部管理中隊」と、部隊の安全確保を行う「警備中隊」からなる「イラク復興支援群」が編成されることとなった。また広報、対外調整、情報など、群を支えるための「復興支援業務隊」も隷下に置いて、約六〇〇〇名の編成が最終的に決まったのは、派遣直前の一二月だった。

一〇月下旬に、直属上司の師団長から編成に際して指示されたことは、その後の部隊の指揮統率にあたっても非常に重要なことだった。それは以下の三点だった。

第一は、「自分が信頼できる人物を連れていくこと」だった。国内の通常任務のための部隊編成とは異なり、今回は準備期間も短く、非常に厳しい状況が予想されるイラクでの任務だ。新たな人間関係を新しく構築し、新たな編成の問題点を試行錯誤している時間的な余裕はない。だからこそ、それぞれの階層で「信頼」できる人間関係が非常に重要だった。

米軍などでも部隊のなかでの「Trust」は非常に重要な要素とされており、筆者も主要指揮官や幕僚には基本的にこれまでの勤務や経歴を通じ、単に紙の上でのスペックではなく、いわゆる「気心の知れた者」を選定することにした。これは「お互いに命を預け合うことができるか。一緒に戦うことができるか」という、軍事組織においての究極の人間関係を追求することにほかならなかった。

もちろん、その選定を誤れば個人の好みや仲良しクラブなどと非難されかねない側面もあるが、歴史的任務であり、これまで経験したことのないような厳しい環境に赴くにあたり、人間関係に不安を抱いたり不要のエネルギーを要したりすることは厳に避けたいと考えた。

第二は「建制を保持して編成すること」だった。イラクにおける人道復興支援を任務とする部隊を臨時に編成するため、基幹となる第2師団、北部方面隊はもとより、全国から要員を集めて編成することになった。その観点からすれば「建制を保持して編成すること」は一見矛盾するように思われるかもしれない。しかしながら、例えば一〇〇人規模の中隊レベルであればその隷下に三〜四個の小隊が編成されるところ、それぞれの小隊についてはもともとの出身連隊からの要員による固有編成にして、末端の部隊まで混成にしてしまわないように留意した。やはり、長年ともに過ごしてきた原隊（出身部隊）の絆は強く、特に陸上自衛隊の場合には部隊が地域に根差した郷土部隊の色彩も強いこともあり、この歴史と伝統に裏づけられた団結の効果は大きかった。

第三は「できるだけ多彩な能力を備えるよう準備すること」だった。まったく手探りの状態で準備することになった編成作業だったが、単に編成表にある任務のみならず、現地で役立つかもしれない対外活動のオプションにも留意した。その例が音楽隊要員の参加であり、実際彼らが果たした役割は非常に大きかった。限られた編成枠のなかに音楽隊要員を含めることはもとより想定されていなかったが、師団長の指示により音楽隊出身の隊員五名が、それぞれ補給や整備要員として参加することとなった。

彼らは本来の職務の傍ら、隊員たちの士気高揚や、イラクの子供たちを元気づけるためのミニコンサートの実施など、音楽というツールで重要な活躍をすることになった。また、その他にも武道やサッカーなどのスポーツ、日本の文化・芸能など多彩な能力を持った隊員が多数参加しており、様々な機会でその特技を発揮することによって、現地での生活はもとより地元住民との交流などにも大いに貢献することになった。

(3) 教育訓練

自衛隊にとって教育訓練は平素における隊務の主軸と言われ、基本的には国防のための教育訓練を通じ、練度の維持・向上を図ってきた。イラクにおける任務を受けても大きな動揺はなかった。しかしながら、自衛隊にイラクでの勤務の経験者は一人もおらず、現地の治安情勢をはじめとして、イスラム教や現地の文化・風習など未知のことも多く、出発までの教育訓練は非常に重要となった。

特に重視したのは射撃訓練だった。通常の部隊の射撃訓練は、遠くの標的に正確に当てることが主体となるが、イラクではまったく違う事態が予想された。突然物陰から飛び出してくる近距離の標的に対し、それが脅威であるか否かを瞬時に判断して、正確に射撃することが求められるとの想定をつくり、徹底して特別な射撃訓練を繰り返した。

短期間に大量の弾薬を使用したが、正確に射撃できる能力が高まることは、それ自体が安全確保のために有効である。そして、何よりも自身が硝煙の臭いに包まれているような独特の実戦的臨場感を維持していることが、軍事のプロであることへの自信につながるように感じられた。

また、現地の文化・風習、言語などへの理解を深めることも重要と考えた。派遣前には、イラクにおける他国の部隊がテロ攻撃を受けた原因には、その国の部隊・隊員がイスラムの慣習を尊重しなかったことがあったなどとの情報も伝わってきた。派遣隊員の大半は人生で初めての海外渡航が今次のイラク派遣ということもあり、健康管理、海外での生活の留意事項をはじめ、基礎的なアラビア語会話やイスラム教徒が大半である現地住民への接し方などの教育も重視した。

さらに、米陸軍と海兵隊の協力を得て、直前までイラクでの作戦に参加していた兵士たちに準備訓練を行っている旭川駐屯地まで来てもらった。我々の訓練の有効性や、砂漠での暑さや砂などの留意事項、テロの脅威の特性、オペレーションの実態等の最新の実戦から得られた知識や教訓について助言を受ける機会も設定した。やはり、現地の戦場での実戦経験を積んだ彼らの発言や態度には迫力があり、それを受ける隊員たちの態度も真剣そのものだった。

しかし、彼らから「自衛隊の派遣部隊の練度はイラクで十分に通用するレベルにある。今度は自衛隊の皆さんとイラクで任務をともにしたい」とのコメントを受けたことは、出発の日を直前に控えた隊員たちにとってこれまで積み重ねてきた訓練や準備が決して的外れではなかったと認識する機会にもなり、隊員個人にとっても、部隊にとっても大きな自信となった。

「訓練は実戦のごとく、実戦は訓練のごとく」と言われてきたが、まさに今回はその言葉を実感した。派遣前の数カ月間に本気で行った各種の訓練は、現地に到着してから本当に有益であった。あらゆる角度からの情報を収集して活用し、厳しい訓練を行っていれば、それが自信となっていかなる状況に直面しても余裕を持って対応できることを確信することになった。

（4）物的準備（ロジスティクス）――緑色の迷彩服と日の丸、他の派遣国との比較

イラク派遣と、これまでのPKO派遣の違いの一つは、兵站にあった。これまで参加してきたPKOは国連軍の一部としての参加であるため、他国参加部隊からの支援を期待できるが、今回は多国籍

軍の隷下にはなく日本が独自に派遣した部隊であった。そのため、すべての兵站を自ら賄うことが求められた。

第一次群として日本から送り込まれた物資は、二〇フィートコンテナで一一〇〇本、車両も約二〇〇両に及ぶこととなった。これは、これまでの自衛隊の海外派遣では最大規模だった東ティモールPKOで設営時に搬入した物量と比較しても二倍以上に及ぶ膨大な量となった。また、東ティモールは日本に近く港湾にも近接していたが、イラクのサマーワはクウェートからも内陸に四五〇キロメートル離れており、クウェートに陸揚げしてからも今度は陸路で東京・大阪間に相当する距離を車両で運ぶ、大物流作戦を行うこととなった。

装備・器資材の準備にあたって、イラク派遣に伴うローカルルールとも言うべき様々な考慮も実施された。砂漠での軍事作戦を行う際には、列国は砂漠迷彩の戦闘服を着用するのが通常であるが、自衛隊は国内と同じ緑色（OD色）の迷彩服を着用した。

実は、派遣前の準備段階で自衛隊用砂漠迷彩の試作品も準備されたが、イスラム教の風習には緑色に平和や未来といった前向きの意味があること、イラク戦争など戦闘行動に参加した各国軍との差異化を図ることなどの理由から採用せず、緑を基調とした通常の迷彩戦闘服に落ち着いた。隊員の服装のみならず車両についても同様に、すべての車両に茶色や黄土色の砂漠迷彩の塗装は行わず、緑色のまま持ち込んだ。

また、識別のための国旗標記についても、鉄帽や防暑帽の正面、左肩、背中上部、防弾チョッキの右胸部分の四カ所に装着し、イラクに展開していた三〇カ国以上の軍隊のなかで一際目立つ存在となった。通常、作戦行動を行う際には、迷彩も含めいかに相手に発見されないようにするかが服装等の選定のポイントであるが、イラクに派遣された自衛隊はその逆で、あえて目立つ存在になることを選択した。

（5）心の準備――派遣の大義、団結・規律・士気、家族との関係

派遣に際して編成、訓練、兵站などの組織としての準備に加え最も重視したのが、実は隊員の心の準備だった。当時、国内では派遣の賛否をめぐり激しい議論がなされ、マスコミの取材攻勢も活発になっていた。「初の戦地派遣」や、「戦闘地域か、非戦闘地域か」などの議論も激しさを増し、準備訓練を行っていた駐屯地に反対派のデモ隊が押し寄せることも度々だった。このようななか、一見平静を装っているものの、隊員本人も家族もどこか不安の色を隠せないのも事実だった。

派遣部隊を率いる指揮官として、隊員が迷いなくこの任務に赴き、粛々と与えられた任務を遂行するためには、心のなかの曇りを払拭し、晴れ晴れとした気持ちで出発する心の準備が重要であると考えた。隊員に自分の言葉で直接語りかけ、考えを表明し、隊員との徹底した対話によって疑問や疑念を解決するために相当の時間を使った。

この際、特に「我々は何のためにイラクに行くのか？」という派遣の大義を明らかにし、各隊員が納得できることが大切だった。日本のエネルギー確保の生命線である中東の安定、戦争で荒廃したイラクの人道復興支援、また日米同盟の信頼性の強化などが派遣の目的であることは頭では理解できても、なぜそのために自分が命をかけて取り組まなければならないのか、果たしてそれを派遣の大義と

して全員が納得できるのか、と疑問が残っているのではないかと気になっていた。

自衛隊員は、任官にあたり次のように服務の宣誓を行う。「私は、我が国の平和と独立を守る自衛隊の使命を自覚し、日本国憲法及び法令を遵守し、一致団結、厳正な規律を保持し、常に徳操を養い、人格を尊重し、心身を鍛え、技能を磨き、政治的活動に関与せず、強い責任感をもつて専心職務の遂行に当たり、事に臨んでは危険を顧みず、身をもつて責務の完遂に務め、もつて国民の負託にこたえることを誓います」（自衛隊法施行規則第三九条）。

志願制である日本においては、すべての自衛隊員は自らの意志で入隊を決意し、誰にも強制されることなく自らの意志で宣誓を行ってきた。今回、我々は国家の代表として、国家の命によりイラクに赴くのであり、まさに「使命を自覚」し、「強い責任感をもつて専心職務の遂行」にあたり、「事に臨んでは危険を顧みず、身をもつて責務の完遂」に務めることに尽きるのではないか。

「平素から厳しい訓練に取り組み、高い練度を有する我々だからこそ、今回真っ先にこの厳しくも重要な任務を与えられ、その任にあたることになる。それがいかに名誉で光栄なことか。これまでの自衛官人生の総決算のつもりで取り組むにふさわしい、誠にやり甲斐のある任務ではないか。だったら、堂々と歴史に残るような立派な仕事をしようではないか」と、何度も語りかけた。隊員たちは想像以上に冷静にそのことを理解し、部隊として共有していることを実感した。既に、派遣隊員たちにとっては、暗黙知として共有できていたように思われる。

派遣部隊のなかには、定年直前の隊員も少なからずいた。定年退官を目前にしながら、わざわざイラク派遣に参加し、なぜあえて危険に身をさらすようなことをするのか、と周囲から言われた者もあった。しかし、彼らにしてみれば、これまで国防の任務に人生を捧げてきたが、その経験を国際貢献の現場で発揮したいとの思いがあったことも理解できる。生きて帰国できないかもしれないと、残された家族に対し遺書や財産整理、骨箱まで準備していた隊員も少なからずいた。

また、指揮官の立場からすれば、今回のイラク派遣は戦闘を主とする国防任務とは異なり、あくまでイラク戦争後の人道復興支援が任務であり、危険は想定されるものの、隊員の命を犠牲にしてまで達成しなければならないものではないと認識していた。

出発に際し、隊員を代表し派遣部隊指揮官として以下のような決意を述べた。「我々は、今回の任務を光栄とし、武士道の国から来た自衛官らしく、誠実に心を込めて、規律正しく堂々と、与えられた任務の完遂に全力を尽くしたい」と。我々の取り組むイラクでの任務は、現在においても、また五〇年後、一〇〇年後の後世の評価にも耐えられるものでなければならない。そのためにも、隊員が心を一つにして任務に取り組むことが重要と考えた。

2　自衛隊のイラクへの展開

――一万キロメートル離れた現地への移動と宿営地の建設

(1) 日本からの出発

二〇〇四年二月一日にイラク復興支援群の隊旗が授与され、部隊の派遣態勢が完了し、逐次現地への展開が開始された。北海道の二月は一年のなかでも最も気温が下がる時期であり、筆者が出国した日も、最低気温がマイナス二四度のすべてが凍りつくような極寒の一日だった。初めて政府専用機が隊員の海外派遣に運用され、同僚である航空自衛隊の隊員たちが運航する航空機でイラクに赴くことになった。

出発地である千歳基地には、政府高官はじめ多くの隊員、家族たちが見送りに来てくれていた。このときの心境は、これまで多くの関係者から受けてきた支援と協力に対する感謝の気持ちと、早く現地入りし任務を開始したいとの期待が交錯し、これからの任務への不安とか危険への懸念などは、不思議なことにまったく感じなかった。むしろ、多くの隊員を預かり、国家の大きな期待を受けて現地に赴くことの責任感と一種の高揚感が大半だったように思う。ただ、専用機が滑走路から離陸し上昇するとき、北海道の大地が次第に遠ざかっていくのを見ながら、これが祖国の見納めになるかもしれないとの思いが一瞬頭をよぎったことも事実である。それは派遣隊員たちにとっても共通の思いだったかもしれない。

クウェートへの到着直前、航空自衛隊のクルーから隊員一人ひとりに黄色い折鶴が手渡された。そこには、無事の任務完遂を祈っている旨のメッセージが一つひとつ手書きされており、同じ自衛官の仲間から現地に送ってもらうことの有難さと、彼らの親身の心遣いに感激し、決意を新たにすることとなった。

(2) クウェートへの到着と準備訓練

バンコク経由でクウェートに到着したのは、翌日の昼だった。クウェートは、イラク戦争の開始以降、多国籍軍にとって重要な作戦支援基地になっていた。我々自衛隊派遣部隊も、イラクに展開する前の最終的な準備を整えるため、いったんクウェートに着陸し、その後イラクのサマーワに向かうことになっていた。

クウェートでは、イラクに展開するアメリカをはじめとする多国籍軍の兵士たちが最初に滞在する「キャンプ・バージニア」と称する宿営地に入った。砂漠に臨時に設営された広大なキャンプには、数えきれないほど多くの大型テントが張られ、何千人もの諸外国の軍人たちと一緒に一週間生活することになった。食堂では様々な言語が飛び交い、これまで接したことのない中南米や東欧の軍人たちとも同席した。一見して歴戦の強者と思われる自信に満ちた兵士もいれば、予備役で招集されたようないかにも不安げで経験不足を感じさせる若い兵士もおり、イラクに関与する各国の事情や国際社会の縮図を感じさせられることとなった。そして、いよいよイラクでの活動の本番が近づいたとの思いを掻き立てられた。

ここでの主たる業務は、完熟訓練と物資の準備だった。これまで派遣のための訓練を行ってきたのは酷寒の北海道だったが、実際に任務を遂行するのは灼熱の砂漠が広がる中東イラクである。二月のクウェートでも日中の最高気温が四〇度に達する日もあり、身体的にも装備品についてもいかなる影響があるのかを検証し、その環境に完熟することが求められた。

例えば、武器の調整は極めて重要な事項だった。北海道の氷点下の環境で設定した銃の照準に関しても、金属の熱変化によって灼熱の環境ではどの程度の影響が発生し、射撃の精度にいかなる変化が生じるのかなどについては、実際に射撃訓練を行うことで修正する必要があった。また、日本で身体に染みついている左側通行から右側通行に変わるので、車両操縦の要領なども、現地で実際に公道を走行することで習得することが重要だった。

また、海上自衛隊の輸送艦や貨物船によって日本から運搬してきた約二〇〇両の車両や多数のコンテナ、大型輸送機等で空輸されてきた物資などを受領し、故障や不具合が発生していないかなどの点検を行うことは必須の業務だった。海上自衛隊の輸送艦「おおすみ」から降ろされた車両に接したとき、太平洋からインド洋を経てクウェートまでの約八〇〇〇キロメートルの長い航海を経てきたにもかかわらず、塩害の錆一つついていない完璧な状態で引き渡されたことに、同じ自衛官である仲間の熱い思いと期待を感じた。

このようにして、車列の準備やコンテナのトレーラー車両への積み替えなど、サマーワまでの陸上輸送の準備を万全にすることはイラクにおける任務遂行の第一歩であり、このようなクウェートでの一週間は非常に密度の濃い時間となった。

(3) クウェート国境からイラクへ――戦争直後の厳しい荒廃を目前にして

キャンプ・バージニアでの完熟訓練など出発準備を完了し、クウェートを出発したのは、二月二七日早朝だった。既に先遣隊として現地入りしていた隊員の車両が先導し、数十台の軽装甲機動車、装輪装甲車、大型トラックなどからなる車列がクウェート国境を越え、一路目的地のサマーワを目指した。

クウェートからサマーワまでの距離は約四五〇キロメートル、約一二時間の道のりで、一面に広がる砂漠・土漠に延びる道路をひたすら走行したが、そのときの光景を忘れることはできない。クウェートは一九九一年の湾岸戦争ではイラク軍の侵略を受け、国土も大きく荒廃したが、その後は復興も進み、道路も都市整備も隅々まで行き届き、高層ビルの立ち並ぶ近代都市として発展していた。ところが、クウェートとイラクとの国境を越えた途端に風景は一変する。つい半年あまり前まで戦闘が行われていたことを示すように、焼け焦げた戦車や装甲車などの残骸が至るところに放置され、送電線も倒壊していた。

所々に見える集落もクウェートとはまったく異なり、レンガや土塀で囲まれた粗末な建物で、いかに貧しく荒廃しているかを目の当たりにした。途中の給油を兼ねた休憩も、サービスエリアやドライブインがあるわけでもなく、路側に車列を停止させ短時間のみとしたが、その際も地雷や不発弾の危険性があるため道路から外れて砂漠に足を踏み入れることは厳重に警戒する必要があった。

完全に多国籍軍によって安全が確保されたことになっている主要幹線であっても、テロリストによる襲撃や住民とのトラブルが発生する事例が報告されていたため、一瞬たりとも気を抜くことはできなかったが、実は意外なこともあった。それは、我々の車列に対するイラクの住民の態度だった。

前述の通り、自衛隊は他国と異なり、日の丸をつけた緑色の車両に、緑色の迷彩服を着用した隊員が乗っているため、遠くからでも目立つ存在だった。集落に近づくと沿道の住民たちが我々に手を振り、「ヤバニー・グー（Japan Good）」などと声をかけてきた。また対向車線を走る車からも笑顔で挨拶されたり、道を譲られたりと好感を持って迎えられた。

イラクでは現地住民とはいえ、皆テロリストと思うぐらい警戒し、緊張感を持って動いていた我々にとっては、この住民たちの態度に意表を突かれる思いだった。そして夕刻、目的地であるサマーワの仮宿営地に到着した。

(4) イラク到着にあたっての訓示

「本日からここサマーワに日の丸を掲げ、後に続く部隊のために立派な基盤を確立しつつ活動を開始し、そして、日本から来た我々が、イラクを輝かせることができるよう全力を尽くそう」。そして、以下の三点を要望した。

第一は、日本人らしく、誠実に心を込めて、この歴史的使命をしっかりと果たそうということ。

第二は団結・規律・士気の重視。世界が我々に注目しているなか、我々がここで実行することを後世の人たちから評価されるよう、どこの国の軍隊にも引けをとらない武士道の国から来た自衛官らしく、規律正しく堂々と任務に取り組むこと。そして、今ここにいる隊員全員が家族であり、皆の心を一つにして任務に全力を尽くすこと。

第三は、健康と安全に十分留意することであり、全員が怪我も病気もなく元気に、無事に任務を果たして一緒に帰国しようということ。

これらを重視して現地で活動を開始し、立派に任務を完遂すべく全力を尽くすことを決意した。

3　派遣部隊として意識した日本式活動の考え方

(1) 人道復興支援の本質

現地で常に意識していたことは、イラク復興の主役はイラク人自身であり、外国から来た我々ではないという、自衛隊の人道復興支援の在り方だった。

我々の任務は、彼らの後押しをすることであって、戦争によって荒廃した国土を再建するのはイラク人自身の手によって行うしかない。自衛隊が永遠に現地にとどまって支援できるわけではなく、その能力も時間も限られているなか、何もかも自衛隊が実施するのではなく、彼ら自身の主体性を尊重し、やる気を増長しつつ、彼ら自身の努力を後押しすることが重要と考えた。

イラクに展開していた多国籍軍のなかには、ともすれば強大な権限と膨大な資金を背景に、「やってやる式」の上から目線で意思を強要する部分も散見された。自衛隊の基本的なスタンスは、イラク人によりそって彼らを支援し、彼らが主役となって国家の再建を進めることだった。

(2) 「スーパーウグイス嬢作戦」

前述の通り、イラクに到着して感じたのは我々日本の派遣部隊に対する現地住民の好意的な態度だった。当時、アフガニスタンやイラクにおける多国籍部隊の損害の多くが、移動間の待ち伏せ攻撃やＩＥＤ（Improvised Explosive Devices）と呼ばれる路肩に仕掛けられた簡易爆弾によるもので、道路を車両で走行しているときが特に危険であるとの情報を得ていた。そのため現地入りしてから、特にイラク領内においては、現地住民といえども皆テロリストと思うくらいの過剰なまでの警戒心を保つよう指示し警戒心を維持させていた。

しかし、日常接するイラク人の笑顔と態度とのギャップに、果たしてこれでよいのか、むしろイラク人を失望させ、結果的に逆効果にはならないかと思うようになった。そこで、従来の方式を変更することにし、「スーパーウグイス嬢作戦」と名づけた方法をとることとした。

それは、沿道を行き交う住民に対し笑顔で声をかけ手を振るものだった。もちろん、警戒心を緩めることがあってはならないが、相手が厚意を示しているのにこちらが警戒を緩めないままでは、彼らの好感もいずれ失望につながりかねない。派遣部隊が車両で行動するときには、基本的にガナーと呼ばれる隊員が車両の天井から半身を外に出して車載機関銃を操作し、四周を警戒しながら走行することになっていた。

そこで「スーパーウグイス嬢作戦」では、銃身を上に向け敵意のないことを示しつつ、左手で手を振りながら笑顔で「ハロー」とか「アッサラーム（こんにちは）」などと声を出して挨拶する。ただ、右手は引き金から放さず、常に不測の事態には即応できるようにするという方式だった。笑顔で手を振りながら挨拶する隊員の姿は、他の多国籍軍部隊からすれば不思議な光景だったようで、走行中の自衛隊車両に住民が手を振り、お互いに挨拶を交わすのは日本くらいだと言われた。

(3)「ご近所プロジェクト」

現地に到着して約一カ月が経過し、宿営地の建設にも目途が立ち、人道復興支援業務も軌道に乗り出した頃には宿営地の周辺地域の住民から具体的な要望が寄せられることが多くなった。イラクの地方行政区画は全土で一九県に区分され、自衛隊は南東部のムサンナ県を担当していたが、ムサンナ県は四国の半分ほどの面積で、南はサウジアラビア国境まで広がる比較的面積の広い県だった。

当時、派遣部隊が心がけていたのは、県庁所在地のサマーワに宿営地を設定したものの、特定の地域に支援が偏在して地域ごとに不満が生じることのないよう県の全体に均等に支援を進めることだった。日頃から緊密に接している周辺の住民たちにしてみれば、突然日本の部隊が現れて、宿営地を建設し多数の車両が行き交うものの、要望を寄せても応えてもらえず地元には何のメリットもないということになりかねない。

自衛隊派遣部隊の限られた資源、隊力ですべてのニーズに応えることは困難であるとしても、自衛隊が来たことで何か直接喜んでもらえることはないかと考え、スタートしたのが「ご近所プロジェクト」だった。音楽隊出身の隊員で編成したミニバンドを宿営地周辺（近所）の小中学校に派遣し、地域の子供たちを対象にミニコンサートを開催することにした。

最初の頃は、子供たちも緊張していたが、隊員の演奏する日本の童謡やアニメソングなどに深い興味を示し、コンサート終盤には音楽に合わせて一緒に手拍子をしたり、踊り出したりと大好評だった。また、これには副次効果もあった。子供たちが自宅に戻り両親に報告し、親族に伝わり、それが部族長たちにも伝わって、自衛隊の地元への姿勢が一定程度理解されることとなった。

(4)「ユーフラティス川の鯉のぼり」

地元との関係強化と信頼感の醸成を図るもう一つの試みは、日本の鯉のぼりを活用することだった。派遣期間の半ばを過ぎた頃から、イラクの治安情勢は次第に悪化していた。バグダッド周辺では連日爆弾テロが発生し、四月上旬からは西部のファルージャ近郊でイスラム過激派と米軍との間で大規模な戦闘も行われていた。また、四月上旬には日本人人質事件が発生し、派遣部隊としても緊張を強いられる日々が続いていた。

このようななか、自衛隊派遣部隊は引き続き人道復興支援の任務を継続していたが、この時期に向けて日本出発前から準備していたことがあった。それは、五月五日の端午の節句に合わせて、サマーワの中心部を流れるユーフラティス川に鯉のぼりを揚げることだった。

当時駐屯地司令をしていた北海道名寄市の市民にお願いし、約二〇〇匹の鯉のぼりをイラクに送ってもらった。これを実行するに際して、地元の行政機関、宗教指導者、有力者などと事前に様々な調整や根回しを行った。

鯉のぼりは親が子供の成長と健康を祈って五月五日に揚げる日本の古くからの風習であり、特に宗教的な意味は持たないと説明し、賛同を得ることができたが、当日までは懸念も残っていた。自衛隊がこの行為を善意で行ったとしても、イスラム教シーア派の敬虔な信者の多いこの地域で、もしイラクの人々にとって宗教上、あるいは風習上不適切なことであれば逆効果になりかねないからだった。

当日は、地元の若者たちと隊員たちが一緒になって川にワイヤーを張った。そこに一〇〇匹以上の鯉のぼりをなびかせた際には、その壮観な光景に歓声が上がったことを昨日のことのように思い出す。

（5）自衛隊支援デモとイラクの人々

鯉のぼりをユーフラティス川に揚げた翌日、サマーワ市内中心部で日本部隊に対するデモが発生しているとの情報が入ってきた。やはり反対する勢力があったのではないかと一瞬心配したが、むしろ続報に驚くことになった。それは、このデモが自衛隊に対する感謝と支援の集会だということだった。しばらくして、そのデモ隊が宿営地に移動してきたが、彼らが掲げた大きな幟には「正直な日本人よ。我々と一緒に平和なサマーワの町を再興しよう」と書かれていた。そして、手製の日の丸を振る現地の人々の態度から、自衛隊にはサマーワにとどまり、引き続きイラクのために人道復興支援活動をしてほしいとの思いが伝わってきた。

当時、イラク全土での治安の悪化に加え、日本人人質事件が発生したり、宿営地周辺へ迫撃砲弾が撃ち込まれたりと、派遣部隊をめぐる情勢も厳しさを増していた。現地においても自衛隊のイラク派遣の継続について話題になっていた時期だっただけに、イラクの現地住民からこのような形で感謝の声を寄せられたことは隊員たちにとって大きな励みとなった。

この自衛隊への感謝デモは多国籍軍のなかでも評判となり、自衛隊はいかなる工作をしてこのような仕掛けを行ったのかと誤解されるような問い合わせもあった。また、自衛隊に対して何らかの悪意を持って宿営地の攻撃などを考えているかもしれないテロリストたちには、サマーワの住民が自衛隊を歓迎しその活動を応援している姿が攻撃を思いとどまらせるに足る強いメッセージになったのではないかと思われた。この自衛隊支援デモは、イラク派遣期間にその後何回も実施されたが、日本国内で報道されることはほとんどなかった。

（6）イラク派遣をめぐる日本国内と国際的評価のギャップ

当時の日本国内とイラク国内で実施された世論調査の結果には興味深いものがあった。日本国内では、自衛隊のイラク派遣に対する賛否が大きく二分され、むしろ反対意見の方が過半数を占めることも多かった。一方、現地での世論調査では、一貫して自衛隊の活動を好意的・肯定的に感じている意見が七〇～八〇％程度の大多数であり、実際、現場で活動している我々も現地住民の好感度の高さは常に感じているところだった。

派遣当時に報道された「オックスフォード・リサーチ」というイギリスの世論調査によれば、「どの国にイラクの復興を支援してもらいたいか？」という質問に対し、イラク戦争の主体となった英米や国連、また今回イラク派遣には参加していない独仏を抑えて第一位になったのは日本だった。もちろん、日本の経済力に対する期待もあるだろうが、基本的に日本に対する親近感と好意的な姿勢は有難く励みになるものだった。

４　現地における部隊の指揮統率の基本的スタンス

（１）徹底した規律の維持――イラク派遣国部隊の金メダルを目指して

自衛隊における部隊活動の基礎は「団結、規律、士気」である。このことは、国内・国外を問わず、部隊がいかなる任務に就いていても整斉と活動を行うために最も重要なことであると徹底されてきた。イラクの任務においても「団結、規律、士気」を最高度に堅持することは当然であり、ましてや、国内外から高い関心をもって注目されている派遣部隊としては、このことを指揮官としての統率上も重視していた。

派遣当時、イラクには三〇数カ国が軍隊を派遣していたが、米英軍のように、イラク戦争から引き続きテロ掃討作戦や治安維持の任務に従事している部隊もあれば、指揮通信、後方支援などの作戦支援を主に行っている部隊もあった。日本の自衛隊は、独立的に人道復興支援の任務に従事していたが、たとえ任務は異なっても、その部隊の「規律」は共通の尺度で評価されるものと認識していた。

そして、自衛隊派遣部隊はイラクに展開するすべての部隊のなかで「規律」においては金メダルを獲得するつもりで任務にあたることを、いつも隊員たちに求めた。

宿営地における日課は、イラクと日本の国歌をラッパで演奏しながら国旗掲揚することから始まり、基本的に自衛隊が平素日本国内で行っている服務、勤務と同様に、規律厳正に行うことを徹底した。また、宿営地のなかも、国内と同様に整理整頓を徹底した。整理整頓の基本は「直線直角」であり、駐車する車両も横から見ると一直線になるように整列させ、宿営地内に何百と設置したテントや発電機、コンテナ類もすべて真っすぐに整列させた。

また、イラクの砂漠は吹き荒れる砂嵐でゴミが散乱していたが、自衛隊の宿営地にはゴミ一つ落ちていない清潔さも追求した。この自衛隊の方策は、イラク中の軍隊から注目された。バグダッドの多国籍軍司令部からは、自衛隊のサマーワ宿営地はイラクにおけるモデル駐屯地だと評価された。多国籍軍から多くの見学者がつめかけることになった。

このように、徹底して「規律」を重視する方針によって、様々な効果も得られた。

その第一は「抑止効果」である。万が一、テロリストなどが自衛隊の宿営地を襲撃しようとしても、規律厳正で整理整頓の行き届いた施設にはどこにも隙がなく、警備の間隙や規律の乱れに乗じて手出ししようとしても、実行は困難だと思わせる意義があったのではないかと認識する。

第二に、他国軍隊からの評価である。国際任務が開始されてからまだ日も浅く、海外での経験も決して多くない自衛隊を、日頃接する現地の百戦錬磨の列国軍隊はもちろん、各種の報道等を通じて国際社会も興味深く観察していたようだった。また、宿営地の配置や態勢などは偵察衛星から監視されていることは常態であり、目に見える形で自衛隊の練度の高さを示すには、「規律」の高さを示すことが重要と考えた。

第三は、実は自分たち自身のためである。「割れ窓理論」に代表されるように、規律が緩み整理整頓が不十分で雑然で不衛生となれば、それは部隊の団結、士気の弛緩にも直結し、ひいては事故や病気・怪我にもつながる。したがって、常にやるべきことを確実に実施し、清潔で整然とした環境を維持し、そのためには決して手を抜かないとの意識、行動を徹底した。またこれは普段から取り組んでいることだったが、実は自らのためになるということを再確認する機会にもなった。

(2)「GNN」と「ABCプラスDE」――士気高揚の方策

現地では、定期的に指揮官としてのキャッチフレーズを示した。

任務開始に際しては「GNN」を掲げた。これは「義理・人情・浪花節」の頭文字からとったもので、イラクにおいては、「義理」という建前と、「人情」という本音を「浪花節」のような気持ちで上手につなぎ、柔軟円滑に任務を遂行していこうというメッセージだった。実際、これまでの海外での任務や外国軍人とのつきあいにおいても「GNN」が効果的だった経験をもとに提唱したが、隊員たちはユーモアを交えながら理解してくれた。

また、現地において活動するようになってからは、「ABCプラスDE」を提唱した。これは、「当たり前のことを、ボーッとしないで、ちゃんとやる。プラス、できるだけ、笑顔で」の頭文字からとったものである。「ABC」はいろいろな場面で使用されており、基本・基礎の重要性を強調するフレーズとして人口に膾炙しているが、これに「DE」を付け加えたものである。

ともすれば、イラクという精神的にも肉体的にも厳しい環境のなかで、ヒューマンエラーも起きやすくなり、注意も疎かになりがちである。大切なことは、平素から徹底して身につけてきた基本・基礎であり、この最も大切なことを確実に実施することの重要性をわかりやすく、そして忘れない表現で徹底しようとしたものである。また、この際、単に厳しく要求するのではなく、笑顔とユーモアを忘れず、人間関係を円滑に維持することを心がけようというのが「プラスDE」を加えた理由である。

このような環境で、隊員の士気と部隊としての活力を維持するために大切だったことが、食事、睡眠、入浴、そして家族とのコミュニケーションといった基本的な生活の質の維持だった。

食事に関しては、現地到着直後は水や燃料、冷蔵設備も整わないため、いわゆる缶詰やレトルト食品などの携行用糧食を配布する日が続いたが、やはり生鮮食料品にはかなわない。温かく美味しい食事を提供されることが、いかに心身の安定に直結するかを実感した。

きちんと炊飯した米飯は本当に感動するもので、炊き立てのご飯に温かい味噌汁、丁寧に調理された副食を用意した。野菜や果物が提供できるようになったのは到着して数週間後だったが、温食を常時提供できるようになったことで隊員たちは非常に喜んだ。

他方、現地での給食を行ううえで注意したのは、イスラム教の習慣に配意することだった。宿営地の隊員のためだけの給食ではあったものの、アルコール類と豚肉は一切持ち込まず、現地住民から無用の疑念を持たれないように留意した。

睡眠も重要な要素であった。宿営地の警戒態勢を維持するため、二四時間態勢での勤務が常態であったが、交代で確実に睡眠を確保した。心身の健康管理とケアレスミスなどのヒューマンエラーをなくすためにも睡眠は極めて大切で、砂漠の上のテントという劣悪な居住環境にあっても、簡易ベッドで毎日きちんと睡眠をとらせることを重視した。

入浴は、日本人にとってのストレス解消の重要な手段であり、宿営地においても給水活動が本格化して生活用水の補給が可能となった段階で、日本から持ち込んだ野外入浴セットによる浴場を開設した。砂と汗にまみれた身体を洗い流し湯船につかると、一日の疲れが癒やされ、新たな活力が湧き出るような思いがすると隊員には非常に好評だった。

そして、家族の存在が隊員の精神状態を安定させ、士気を高揚させることも実感した。テレビ電話やインターネットを通じて、定期的に家族とコミュニケーションをとることによって、隊員も家族もお互いの無事を確認し、任務への期待と決意を新たにすることができた。諸外国の部隊においても、この家族とのコミュニケーションを重視していたと聞き及んでいたが、家族の存在の大きさと、組織としても家族を含め隊員をしっかりとサポートすることの重要性を改めて認識した。

（３）心身の健康管理と安全管理の重要性

イラクに到着した時期は冬季にあたっていたが、日中の最高気温が四〇度を超える一方、朝晩の気温は一〇度を下回ることもあり、昼間は灼熱にさらされながら、夜はストーブをつけることもあった。しかし、四月に入ると急激に気温が上昇し、日中は五〇度を超え、朝夕も気温が下がらないようになってきた。

活動中は完全武装が原則だったが、全身から大量の汗をかくため防弾チョッキを脱いだ途端に汗が乾き真っ白の塩が吹く状態だった。高温や乾燥は想像以上で、一〇〇円ライターが爆発したり、寒暖計の赤球が破裂したりすることもあった。隊員の居住用テントにもエアコンは設置したものの、クーラーが効くのは吹き出し口だけで、テントの内部ですら四〇度を超える状態だった。また、宿営地には毒グモ、砂バエのような吸血昆虫、寄生虫、野ネズミ、野犬など、健康に害を及ぼす生物も多数散見され、砂嵐の後には下痢を訴える隊員も発生した。

このような過酷な環境で懸念されたのが、隊員の健康と安全だった。一人ひとりは高い使命感を持って懸命に頑張っているものの、休養日があるわけでもなく、外出して気分転換することも不可能だった。次第に疲労が蓄積し注意力も散漫になり、ケアレスミスから大きな事故や病気・怪我が発生してはならないと、心身の健康管理と安全管理には最大限の注意を払った。

幸い、衛生隊には一一名の医官をはじめ、看護官、薬剤官、救命救急士の資格を持つ衛生隊員が多数所属しており、対外的な復興支援活動とあわせて、自隊救護として隊員の心身の健康管理にも全力で取り組んだ。派遣期間を通じ、隊員には大きな怪我も病気もなく、医療スタッフが多忙を極める事態に至らなかったのは幸運だった。

(4) ロジスティクスの重要性——「作戦の成否は兵站による」

イラク派遣では、多国籍軍から独立し日本として主体的に活動するという特性から、派遣部隊の編成装備の準備や後方支援が本格的に行われた。それまでの国際任務に比較し、重機関銃、八四ミリ無反動砲・一一〇ミリ対戦車弾などの各種火器、軽装甲機動車・装輪装甲車・野外手術システムを含む数百両の車両、通信・警戒監視器材等多くの装備品を展開した。その大半は国産装備品であり、性能と信頼性の高さには本当に助けられた。

また、日本と八〇〇〇キロメートル離れたイラク内陸部の宿営地を結んで、隊員の生活と部隊の活動を確実に維持するために行われた後方支援は、派遣期間の生命線とも言うべき最も重要な要素であり、「作戦の成否は兵站による」という言葉を痛感する日々でもあった。

―５―不測事態への準備と対応

(1)「成功する部隊」と「失敗する部隊」――「ロバか、ライオンか？」

自衛隊のイラク派遣が一部で「戦後初の戦地派遣」と言われたように、イラク戦争直後の治安情勢や頻繁に生起していたテロ攻撃などの状況から、これまでのＰＫＯ派遣と比較しても格段に危険度の高い任務であることは覚悟していた。

しかしながら、自衛隊はイラクでテロ掃討作戦などの戦闘行動を任務とするのではなく、あくまでイラクの戦後の復興を手助けするための医療・給水・施設などの人道復興支援を行うことが任務であり、基本的に非軍事分野での貢献が期待されていた。

たとえるならば、戦闘が「ライオン」の仕事とし、人道復興支援などの非軍事分野での活動が「ロバ」の仕事だとすれば、自衛隊は「ロバ」としてイラクに派遣されていたことになる。しかし、我々は列国軍に比肩し得る高い軍事能力を備えた「ライオン」である。現地では常に、我々はイラクにおいて「ライオン」の気構えを持って「ロバ」として汗をかくことが大切だと考えていた。

予断を許さないイラクの治安情勢にあって、突然「ロバ」の仕事から「ライオン」の構えに転換しなければならないことがあるかもしれないが、「ロバ」は決して「ライオン」になることはできない。だから、「ライオン」が「ロバ」の仕事をしているのだと常に強調していた。

多国籍軍司令部の幹部と意見交換をしているとき、「成功する部隊」と「失敗する部隊」の議論になった。数々の実戦に参加し歴戦の勇士でもある彼は、「人道支援、後方支援、平和構築など一見烈度の低いように思われる任務に参加する部隊において、事前の楽観的な情勢判断にもとづき、狭義の与えられた任務を実施するためだけのちぐはぐな編成や訓練の不十分な状態で現地に来た部隊は、大抵大きな損害を出して失敗する。他方、どんなに安易に見えて脅威から離れているような任務でも、きちんとした編成・装備、周到な訓練、そして軍事組織としての高い意識を持った部隊は必ず任務に成功する」と断言していた。これは、まさに我が意を得たりの考え方であり、まったく同感であった。

自衛隊のイラク派遣は、人道復興支援活動を行うために編成され、実際現地でもその任務がメインであったが、もし自衛隊が、医療・給水・施設の人道復興支援任務のためだけの編成と装備で派遣されていたならば、果たして任務を完遂できていただろうか。復興支援群長として指名された筆者も、自衛隊の戦闘部隊の中核である現役の普通科（歩兵）連隊長であり、部隊防護や警戒を担う警備中隊の隊員や、輸送・炊事担当の隊員までも、ほぼ全員がレンジャーの資格を持つ戦闘のプロ集団だった。

（2）迫撃砲攻撃に際しての心境と隊員の行動

派遣から一カ月が過ぎ、宿営地の建設もほぼ完成し、人道復興支援活動も軌道に乗り始めてきた二〇〇四年四月上旬から、イラクの治安情勢が急激に悪化した。

当時はイスラム教シーア派にとって重要なアルバインという宗教行事があり、シーア派の聖地であるナジャフとカルバラまで、高揚した数十万人の信者たちが徒歩行進してお参りにいく非常にセンシティブな時期だった。また、バグダッド西部のファルージャでは米軍とテロリストの間で激しい戦闘が行われており、近くの幹線道路を戦闘車両が通過し、上空を軍用機が飛行するなど、我々の駐屯するサマーワにもその緊張感が伝わってきていた。

さらに、四月七日と一四日に相次いで日本人人質事件が発生し、テロリスト側からはサマーワの自衛隊派遣部隊の撤退が人質解放の条件だとする報道がなされ、緊張が高まっていた。

そのような時期に、我々自身に関係する事案が相次いで生起した。最初は四月七日の深夜、二回目は四月二八日の深夜に、宿営地に向けて迫撃砲弾が撃ち込まれたのである。これまで他の多国籍軍のキャンプには度々攻撃が加えられたとの情報があり、サマーワでも不穏な空気を感じていたため、警戒態勢を強化していた時期だった。これまで基本的に現地での活動には支障がなく、住民との良好な関係も維持していたが、このときは明らかに自衛隊の宿営地を狙った敵対行為であることを認識した。

幸い、両日とも砲弾は宿営地内には命中せず、人的にも物的にも一切被害はなかったが、現地には自衛隊に好意を持つ住民ばかりではなく、敵対的な勢力も存在することを意識せざるを得ない事案だった。

この迫撃砲弾が弾着した際の対応は、非常に貴重な経験となった。明らかに我々の宿営地を狙って発射されたものだと考えられたが、弾着時の破裂音、空気の振動、火薬の臭いなどから距離や弾頭の種類などを推測し、宿営地には命中していないであろうと瞬時に判断した。我々は平素から迫撃砲をはじめ様々な火砲の実弾射撃の訓練を積んでおり、このときも、日本国内の演習場での射撃訓練のような冷静な判断ができたと考える。

四月七日の事案では、これが戦後の日本が初めて外国の敵対勢力から火砲で攻撃された歴史的瞬間ではないかと、客観的に見ていることを不思議に思うほどだった。また、四月二八日の事案では、着弾地点がより宿営地に近かったため、爆発の衝撃はより大きかったが、対応は変わらなかった。

ただ、このときの現場で警戒任務にあたっていた隊員たちの姿は忘れられない。二四時間態勢で監視にあたっていた隊員からは、目前で砲弾が何発も落下し爆発している最中も持ち場を離れたり、安全な場所に退避したりすることもなく監視塔にとどまり、無線から聞こえる声色もまったく変わらず、終始冷静にそして的確に報告がなされていた。

このことは、隊員たちがいかにプロとして高い練度を持ち、かつ与えられた任務を必ず完遂するという使命感を備えているかの証左であり、このような隊員とともに任務に就いていることを誇りに思った。

(3) 現地における射撃訓練の意味――自衛隊は守ってもらっていたのか?

イラクでの任務を終えて帰国した後、多くの人々から「一発も撃たなくてよかった」「一人も犠牲が出なくてよかった」と言われた。そのこと自体は正しく、善意にもとづく本音なのだと思う。しかし、「一発も人に向けて撃たなくてよかった」のが、正確なところだった。

クウェートでの完熟訓練に引き続き、サマーワ入りしてからも実弾射撃訓練は継続して行っていた。すべての隊員は、武器の手入れを終えると、任務の合間をぬって宿営地に隣接する砂漠に設置した仮設の射場に行き、各自が射撃の練度を維持するために納得できるまで射撃訓練に励んでいた。自分たちが「ライオン」であることを常に確認し、いかなる事態に遭遇しても冷静に対処できる覚悟を再認識する時間でもあった。もし、音声が日本とつながっていたとすれば、サマーワの宿営地からは常時射撃音が聞こえていただろう。

我々が現地で射撃訓練を重視していたのには、もう一つの理由があった。それは現地住民たちへのメッセージである。射撃を開始すると、いつの間にかサマーワの住民たちが集まってくるようになった。彼らの目的は、射撃の後に残される薬莢を集めて金属として売り払うことのようだった。薬莢は消耗品で、諸外国の軍隊では射撃が終わったら大量の薬莢を放置したままにしているので、それを期待していたのかもしれない。

しかし、自衛隊は平素から射撃が終わったら薬莢を回収することが習慣となっており、現地住民にしてみれば期待外れのようだった。それでも射撃するたびに様子を遠くから見にくる住民たちは、隊員たちの高い射撃の練度と自衛隊の規律ある行動に興味を持っているようだった。

自衛隊は人道復興支援任務に汗をかく「ロバ」の仕事をしているが、実は非常に強い「ライオン」なのだということを、彼らを通して住民、あるいはテロリストにも伝える効果があるのではないかと考えていた。我々自身が、軍事組織としての高い能力を備え、もし自衛隊を襲ってくるならば逆に痛い目に遭う「ハードターゲット」であると思わせることを目指し、そのための努力を重ねていた。

日本国内では「イラクでは自衛隊が外国軍隊に守ってもらっている」というような現場の実情とはまったく異なった報道が繰り返され、これには強い違和感と恣意的な態度を感じることもあった。現地では、宿営地の警備、人道復興支援の現場における警備など、すべての部隊防護は派遣国部隊自身の責任となっていた。英米軍や近傍で活動していたオランダ軍（のちにオーストラリア陸軍）などは、地域の治安維持の任務を有しているものの、他国部隊の警備を一切引き受けるというようなことはあり得ないことだった。

（4）最悪の事態への準備と覚悟

「危機管理の要諦は、最悪に備えることにある」と言われる。実は、イラクにおいては常に最悪を覚悟し、その場合に備えた様々な準備を行っていた。

そもそも自衛隊は国家防衛の最後の砦として平素からあらゆる最悪の事態を想定し、編成・装備を整え、戦略や計画を策定し、教育訓練に万全を期すことによって侵略を抑止するとともに、事態発生の場合にはこれに即応して早期に収拾することが使命である。いかなる事態が発生しても冷静沈着に、そして最善に向けて全力で難局に立ち向かうことが大切であると自衛官任官以来ずっと教えられ、心がけてきたが、イラクの現場においては、その心構えの価値と重要性を実感する毎日だった。

医官一一名を擁する衛生隊は、外科、内科、麻酔科、歯科などの専門科を備えた小規模な総合病院にも相当する体制を備えていた。これは前述の通り、現地における人道復興支援任務のためであるとともに、万一隊員に不測の事態が発生した場合においても救命救急体制を確保するためでもあった。野外手術システムという車両に積載した医療装備も早い段階で現地に搬送され、緊急時に手術で使用する輸血用の血液も常時確保していた。現地では、血液センターなどの機能がないため、定期的に隊員が献血するのもイラク派遣ならではのことだった。

医官・看護官たちは、派遣前の国内における準備訓練において、エンバーミングと呼ばれる遺体の修復・保存の訓練を行い、看護官たちはそのときに備えて化粧品まで準備していた。歯科医官には、虫歯治療ばかりではなく、最悪の場合に歯形の確認を行う任務が与えられていた。また、隊員たちの目につかないようにしていたが、一部のコンテナには二桁の数の棺と新品の制服などを収納しており、万一の場合の遺体後送の物品・資材や現地から日本までの後送の要領を定めたマニュアルも準備していた。人事総務を担当する幕僚は、その任務が現実にならないように願いつつも、最悪の事態における一連の対応要領は常に頭に置いていた。

さらに、音楽隊の要員にはもう一つの任務もあった。自衛隊に限らず軍事組織では、儀式における音楽の役割は非常に大きい。最悪の事態において、厳粛に一連の行事を進めるための役割も暗黙裏に期待されていた。この音楽要員が実際にその役割を担ったことが一度だけあった。

五月にオランダ軍の兵士がサマーワ市内でテロによって死亡する痛ましい事案があり、このとき、オランダ軍の指揮官から葬送の儀式のため自衛隊からトランペッターを派遣してもらえないかとの要請があった。筆者も自衛隊を代表して参列したが、砂漠のなかの宿営地に整列して無言で見送るオランダ軍兵士たちの前で吹奏されたオランダ軍の葬送曲「ラストポスト」は今でも忘れることができない。

6 派遣を通じて心がけたこと

(1)「運」と「勘」の排除

派遣中に常に心に置いていたことの一つが、「運」と「勘」に頼ってはならないということだった。当時のイラクの治安情勢のもとで、自衛隊派遣部隊が一人の犠牲者も出さず現地の任務を終了して全員が無事に帰国できたことは、確かに客観的に見ても非常に幸運なことだったと思う。しかし、自分は「運」が良いからとか、「勘」が良いからという言葉の裏には、やるべき努力を途中で放棄する無責任さが同居しているような気がしている。

他人から「運」や「勘」が良いと言われることは構わないが、自ら「運」と「勘」に頼ることは非常に危険であると考えた。考えられるあらゆる事態、状況を徹底して分析し、やるべき努力を尽くしていくことが指揮官の使命であり、その努力の不十分なまま「運」に任せたり、「勘」に頼ったりすることはある意味任務の放棄につながると、自らを厳に戒めていた。

派遣中には前述の迫撃砲事案など、部隊の安全や任務に関わる様々な事象が生起したが、それらは大体事前に予測した通りであり、ときには的中することが少なくなかった。平素からの詳細かつ広範な情報収集と、幕僚たちによる徹底した分析評価を踏まえて、指揮官として常時行っていた状況判断の結果だったが、隊員たちからは、群長の予測は不思議なことによく的中すると言われた。他人からは「勘」が鋭いとか、「運」に恵まれていると言われることも、実は徹底した分析と状況判断を追求したうえでの努力の結果であることを銘肝していた。

（２）現地における究極の判断基準

派遣中、指揮官としての状況判断を行うにあたって、自分なりの最終的な判断基準を持つこととしていた。

その第一は、判断しなければならないことが、合法合規であるかということだった。

法治国家日本の派遣部隊として、「日本国憲法」はもちろん、「イラクにおける人道復興支援及び安全確保支援活動の実施に関する特別措置法（イラク人道復興支援特措法）」「自衛隊法」をはじめとした国際法、国内法の関係するすべての法律の根拠に適合しているか。また、当時現地行政において重要な存在だった「イラク暫定統治機構」の定めるルールや、派遣にあたって政府・自衛隊が定めた様々な規則に合致しているかは、当然ながら重要な要素だった。

第二は、日本政府としての政策と国益に沿っているか、与えられた任務に合致しているかということだった。

派遣前に政府が閣議決定した「イラク人道復興支援特措法に基づく対応措置に関する基本計画」には、派遣部隊が実施すべき任務が具体的に示されていた。また、当時イラク派遣が国際的にも、国内的にも高い関心を集めていたこともあって、派遣部隊の活動が、日本の国益と政府の方針や政策と整合がとれているのかは常に意識しなければならなかった。

しかし、定められた根拠と決められた任務に照らしても、なかなかクリアに判断できることばかりではないのが現場の実態でもある。二〇一五年に成立した平和安全法制によって相当改善された部分もあるが、前記二点に照らしても判断に迷うような、いわゆるグレーな事態に直面したとき、指揮官としていかなる根拠で決心するかを考える根底に置いていたのは、自分の決心が「歴史の評価に耐え得るか」ということだった。

要するに、今現場で発生している具体的な事象について、部隊に行動を命ずるために自分が決心しなければならないことに法的解釈上の疑義が存在したり、現地では必要とされるものの政府の計画・命令にもとづく任務には明確に含まれていなかったりする場合に、何を根拠に決心するか。そのとき、自ら密かに決めていたのは、自分の決心が「百年後の後世の歴史の評価に耐え得るだろうか」という価値判断を持つことだった。

指揮官は孤独な存在だと言われる。しかし、それは当然のことである。指揮官として現場を預かるということは、意思決定（決断）することと、その結果に対してすべての責任を負うということに尽きる。その役割を複数で負うことはあり得ず、最終的には一人で考え、その責務を一人で引き受けるしかないから指揮官なのである。だからこそ、究極の判断を求められる場合にはこの三点の判断基準をもって意思決定しようと考えていたことは、振り返っても当時の現地における指揮統率上の決意と覚悟を確固たるものにしたように思う。

(3) 帰国報告の本旨

帰国後にイラクでの任務を総括する機会があり、以下の三点を特に強調した。

第一は、今回のイラク人道復興支援活動は、任務のすべてが軍事作戦だったということである。「活動」を英語では「オペレーション」というが、それをもう一度日本語に直すと「作戦」となる。自衛隊では、任務を与えられたならば、計画を作成し、組織を編成し、装備を準備し、訓練によって練度を高め、機動展開して現場に進出し、情報を集めて、常に最適の行動をとるための状況判断を繰り返しながら対応をとる。その際、隊員の団結・規律・意識を高く維持し、作戦基盤のための兵站を整え、部外・関係機関との連携を図り、任務完遂のために全力を尽くす。まさにイラクの現場で我々が日々実行していたことがそれだった。

平素から当然のこととして訓練を重ね、習熟している軍事作戦の要領を実行していれば、活動にも漏れや欠落は生じない。したがって、部隊活動のすべてをオペレーションとして認識すべきであり、単なる人道復興支援活動として矮小化してはならないと考えたのである。

第二のポイントは、基本・基礎の重要性である。

国防のための教育訓練を通じて、身体化し習熟している基本・基礎がいかに重要かは強調してもしすぎることはない。現地での活動を通じて終始自信となり基本となっていたのは、国防の任務を遂行するために積み重ねてきた基礎的・基本的な教育訓練の意義とその重要性だった。

俳諧に「不易流行」という言葉があるが、イラク派遣という、時代の要請によって取り組むことになった「流行」の任務に対応するために一時的、限定的に行う教育訓練はもちろん必要であるが、それよりもはるかに重要で大きな要素を占めるのは「不易」の部分であることを痛感していた。

部隊の伝統と崇高な使命感にもとづく国防のための厳しくも幅広い教育訓練を積み重ね、隊員一人ひとりが軍事のプロとしての技量や特技を確実に保持してそれぞれの役割を果たし、それを総合化した部隊の能力が普段通りに発揮されれば、いついかなる任務を世界中のどこで与えられようとも、確実にその任務を遂行できるであろうことを確信した。

第三は、今次のイラク派遣を、決して成功体験にしてはならないということである。我々が参加したイラク人道復興支援活動というオペレーションは、二〇〇四年から二〇〇六年の間、イラク戦争直後の人道復興支援のために、イラク南東部のムサンナ県サマーワという地域で行われた「イラク人道復興支援特別措置法」にもとづくミッションであって、我々が従事したイラクでのやり方を同じように他のミッションで行っても、常に成功するとは限らない。

むしろ、今後の自衛隊の国際任務は、場所も人も条件もまったく異なることを常に認識しなければならない。幸いにも今次のイラク派遣では犠牲者を出さず、一定の評価を得たとしても、それが他の任務に通じるとは限らない。決して安易にイラクでの経験を成功体験にしてはならないと考えた。

時代は急速に動き、前提も環境も相手も、そして主体も決して同じではなく常に変動している。過去の先例から教訓を学び、失敗から学習することは極めて重要であるが、経験の少ない分野だからこそ限られた成功体験に拘泥することなく、常に初めての経験、新たな挑戦と謙虚に考えて取り組むことの必要性を強調したい。

(4) イラク派遣と「武士道」精神——日本人の美徳と自衛隊の戦略文化

現地のイラク人から度々聞かされたことがある。それは、日露戦争においてロシアを破り勝利した日本人は素晴らしく、同じアジア人として誇りに思うとする、一世紀以上前の日本人の活躍に対する敬意だった。

また太平洋戦争に関しても、アメリカとの戦争を戦い敗れたことをイラクの今の実情と重ね、イラクも敗戦後の荒廃と困窮のなかにあるが、日本は敗戦から見事に復興し今や世界屈指の繁栄を誇る経済大国として発展しており、どのようにすれば日本のようになれるのか、と問われることもしばしばだった。

さらに、近年のイラクは一九八〇年代のイラン・イラク戦争や九〇年代の湾岸戦争までは湾岸諸国のなかでも屈指の発展をしていたため、多くの日本人がイラクに滞在し、ＯＤＡ（政府開発援助）やインフラ建設、石油関係の事業に携わっていた。我々が展開していたサマーワでも、地域の基幹病院やインフラ整備などが日本のＯＤＡで建設されていたこともあって、身近に日本人に接していた住民も多かった。

彼らは、日本人技術者やビジネスパーソンたちのことを記憶しており、日本人は誠実・勤勉であり、優しく優秀な人たちだったと述懐していた。このような日本と日本人に対する好意的な感情は、そのまま派遣された我々自衛隊の隊員たちにも向けられていたように思う。その意味では、我々は先人の築いた財産のおかげで現地での活動を進めることができたのではないかとも考えられた。

イラクで感じた日本人のイメージは、決して戦後のものだけではなく、まさに侍と武士道の伝統を継承し、ロシアやアメリカなどの大国と伍して勇敢に戦った日本人というものであり、その後継者として我々を見ていたことを実感する機会となった。

イラクでの経験のみならず、自衛隊が冷戦後に国際社会の平和と安定のために様々な平和協力活動に参加するようになり、多くの隊員が海外での勤務や外国軍隊との交流に携わるようになった。そのなかで日本人の本来備えていた武士道精神や戦略的思考など、「武」や「軍事」に対する実践知を再認識させられる機会となってきたのではないかと認識する。

おわりに

当時イラクの現場では、平素の国内の任務では考えられないような様々な現実にも直面し、多くの問題意識を感じることになった。しかしながら、そのなかで法的課題は二〇一五年の平和安全法制の策定により大きく改善され、「駆け付け警護」や「在外邦人等の保護措置」、多国籍軍等への「協力支援活動」などにつながったことは意義深いことである。

その後、世界ではウクライナ戦争や中東危機など軍事的な緊張が顕在化した。日本も戦後最も厳しく複雑な安全保障環境の只中にあると言われ、日本防衛の重要性が一層強調される時代になった。一方で、二〇二二年に策定された「国家安全保障戦略」「国家防衛戦略」「防衛力整備計画」の、いわゆる安全保障三文書では「国際協調を旨とする積極的平和主義」が謳われており、国際的な課題への対応に積極的に取り組むこととしている。

イラク派遣から二〇年を経て、当時の関係者の大半は現役を離れ、ともすれば当時の緊張感や現場での貴重な経験が次第に風化していくのは当然かもしれない。しかしながら、戦後の防衛政策と自衛隊の活動の大きな節目となり、国際社会からの注目も大きかったイラク派遣について、改めて日本としての意義と、派遣を通じ学んだ有形・無形の教訓、そして今後の国際任務や自衛隊の在り方を考える機会とすることも必要ではないだろうか。

第5章

失敗が許されない世界

自衛隊における研究開発

はじめに

自衛隊は発足以来、車両、艦艇、航空機といった装備品とともに組織を構成してきた。戦前の日本には工廠（国営軍需工場）と民間の軍需工場が多数存在していたが、終戦と同時に解体された。自衛隊が発足しても装備品を国内で生産することができず、当初はアメリカからの供与や貸与であった。

しかし、日本の経済復興、国力の回復とともに、装備品の国内生産を徐々に行うようになっていった。部品等の供給は、アメリカから受けて国内で組み立てていくノックダウン方式から、ライセンス生産、そして設計から開発・製造まですべて国内で賄う国産へと、技術水準や生産能力を高めていった。

例えば、一九六六年から始まる第三次防衛力整備計画では、その大綱において「技術研究開発を推進し、装備の近代化および国内技術水準の向上に寄与するとともに、装備の適切な国産を行ない、防衛基盤の培養に資するものとする」と述べている。その後、一九七〇年には防衛庁長官決定として「装備の生産及び開発に関する基本方針等」、いわゆる「国産化方針」が策定され、「国を守るべき装備は自ら調えるべきものであり、装備の自主的な開発、国産を推進する」ことが明確化された。

装備品の研究開発という観点で、日本はかなり進んでいる。相当な力があると言うことができるだろう。それは、主要な艦艇、航空機、戦闘車両をはじめ数々の装備を国内で生産してきた実績が示している。
しかしその実態は、かなりの制約のなかで関係者の工夫・努力のうえで何とか保ってきた面が随分とある。その一端を見ていきたい。

1 ギリギリの研究開発——後継装備品の研究開発を事例として

防衛省の規則等から引用すると、「概算要求年度の前々年度まで（中略）既存の装備品等に与える影響を十分検討しつつ、トレードオフスタディ結果を踏まえ、諸外国の類似装備品の導入、現有装備品等の改良・改善の可能性等の検討を概算要求前数か年にわたり行い、装備品等の研究開発着手の妥当性等を評価する」とある。つまり、予算要求前に時期的必然性を整理しなければならない。その理屈は以下のようなものが多い。

現有装備品Ａはその耐用命数（装備品の寿命的な期間）から二〇ＸＸ年には用途廃止が始まる。現有装備品の持っている機能は、自衛隊としては絶対に必要なものであり、見積もられる将来的な脅威等からするとその能力向上を図らなければ国防任務を達成できなくなる。よって現有装備品Ａの後継としての装備品Ｂが必要となり、設計にαカ月、試作品製造にβカ月、試験および評価等にγカ月、量産品の製造にδカ月、計Ｙ年の期間がかかる。二〇ＸＸ－Ｙ年から後継装備品Ｂの研究開発を始める必要がある。

余裕を持ってその一年前から研究開発をスタートしたいと考えても、財政当局のみならず防衛省内においても通らないのである。

特に予算要求においては、期間を含めた時期的なものはもとより、性能についてもマスト性を求められる。自衛隊側がより将来的なことにも備えて拡張性を保持しようとしても、予算が削られるとどうしてもそういうところから断念せざるを得なくなる。

このようなやり取りを経るがために、年度の予算が成立した段階で予算はギリギリ、期間もギリギリといった形になってしまう。これでは何か不具合が生じた場合、フィードバックして検討・処置をしていっては間に合わなくなる可能性が高くなる。

もちろん、事業として研究開発を行う際には、そのようなリスク管理も踏まえた工程を検討するが、実際にモノをつくって動かしてみて初めて問題点が浮かび上がるというのが一般的であろう。自衛隊の装備品のようにシステムインテグレーションが必要なモノの場合、初めから完璧というのは極めて難しい。

このような制約からも、自衛隊の研究開発は「失敗が許されない」世界になっている。これは研究開発に携わる要員のみならず、その基盤を与える予算関係者も要求元となる運用者も同様の意識を持ってしまい、より高性能を狙うという面でも、拡張性を確保しようとする面でも、予算ないしは価格や経費とのトレードオフで諦めてしまう。オーバースペックだと言われて「切られてしまう」世界があった。

にっなげていける良いアイデアが出てくるものである。

2　防衛省内における技術と運用の連携

(1) 要素技術

一般的に違う分野の人たちが集まり、ワイワイ・ガヤガヤと議論し合うからこそ、イノベーションにつなげていける良いアイデアが出てくるものである。

防衛装備庁（旧技術研究本部）は、防衛技官を中心に自衛隊の研究開発にも携わっている組織である。また、防衛に関連する要素技術に関しても独自に研究開発している。

その要素技術は、自衛隊側の要望を踏まえて行うものだけではなく、自衛隊側の発想にとらわれないユニークなものも多数存在する。一方、「それは、いったい装備品の何につながるのですか」との財政当局等からの質問には答えにくいものもある。限られた予算のなかでのやりくりとなった場合、装備品につながる要素技術は事業化され、そうでないものはお蔵入りということも多々あった。

予算の効率的な使用について異論はないし、無駄遣いはもってのほかであるが、チャレンジも必要であろう。装備品の何につながるかはその時点では不明であったとしても、自衛隊、つまりは運用者との議論のなかでモノにつながるアイデアが浮かぶ可能性だってあるはずだ。そのような柔軟性をぜひとも持たせてほしいと思う。技術の引き出しを多く保持することも、日本にとっての財産ではないか。

また、要素技術といえども、研究開発を事業として成り立たせるためには失敗が許されない面がある。せっかく研究開発をするのであれば、より高い目標を掲げてチャレンジする価値はあると思うが、それよりも実現の可能性の高い、ある意味レベルを少し下げたところにとどまってしまっていることも事実だ。

確かに研究開発としても事業としても失敗したくないことは理解できるが、例えば失敗の要因や原因は何かを明確にすることによって次につなげていくなら構わないとする制度も必要であろう。失敗の積み重ねが成功に結びつくようにしていけば、「意味のある失敗」となり、一種の成果となり得る。

また、「防衛省研究開発評価指針について」という防衛省内の通達において、留意事項として「研究開発は必ずしも成功するとは限らず、失敗から貴重な教訓が得られることもある。したがって、失敗した場合には、まず、その原因を究明し、その後の研究開発にこれを生かすことが重要であり、成果が上がらなかったことをもって短絡的に従事した研究者や機関を否定的に見るべきではない。特に、評価が独創的な研究開発の阻害要因とならないよう留意する必要がある」との記載がある。正論である。この留意によって救われた事業や研究者もいるだろう。だが、残念ながら防衛省内の雰囲気がそのようなものでは必ずしもなかったと、研究開発の現場で勤務経験のある筆者には思えてならない。

自衛隊ないし防衛省全体として、研究開発における失敗のリスト化・データ化・見える化を図ることが、技術力の向上とひいては将来的な大きな財産につながるという意識改革を図ることも一案ではないか。

（2）対艦誘導弾の事例

対艦誘導弾については、陸海空各自衛隊が国内開発した装備品を保持している。

当初、航空自衛隊用の八〇式空対艦誘導弾（別名ＡＳＭ－１：Air to Ship Missile）を開発・装備した。これは主に一九七〇年代にＦ－１支援戦闘機を発射母機とすることを前提に開発したものだが、その後Ｆ－４ＥＪ戦闘機（改）やＦ－２戦闘機でも運用された。ＡＳＭ－１の場合は誘導弾本体の開発が主であったと言えよう。例えばエンジンは固体燃料ロケットを用いている。

そのＡＳＭ－１の技術を活用して推進機関をジェットエンジン化する形で、陸上自衛隊用の八八式地対艦誘導弾（別名ＳＳＭ－１：Surface to Ship Missile）を開発した。ＳＳＭ－１の場合は、誘導弾本体をはじめ指揮統制装置、捜索・評定レーダー装置、射撃統制装置、中継器、ミサイル発射機というように、構成要素を含めたシステムとしての研究開発であったと言える。

そして八八式地対艦誘導弾を艦載型に改良する形で海上自衛隊用の九〇式艦対艦誘導弾（別名ＳＳＭ－１Ｂ：Ship to Ship Missile）を開発、ミサイル艇と護衛艦に装備した。

ちなみにＳＳＭ－１は発射直後に陸上の地形回避飛行を行うが、ＳＳＭ－１Ｂは海上より発射されることから、発射後直ちにシースキミング式（相手のレーダーに探知されにくくするため、海面すれすれの低高度飛行）の巡行となる違いがある。海上自衛隊はほぼ同時期に、哨戒機搭載用として九一式空対艦誘導弾（別名ＡＳＭ－１Ｃ）を開発・装備した。

現在ではその後継装備品が研究開発を経て部隊配備され、統合運用における代表的な装備品となっている。また、さらなるバージョンアップを図ってスタンド・オフ防衛能力の強化が期待できる装備品の研究開発も行われている。

前記のように、対艦誘導弾の場合はASM－1がファミリーの中核となり、各自衛隊の要求に対応して研究開発したものを活用しながら改良・発展する形となった。このことは、研究開発の主体を担った当時の技術研究本部の成果でもあろう。当初より発展性を考慮してモジュール設計（システムや製品を機能単位に分割し、それぞれの単位をモジュールと呼ばれる独立した部品に設計する手法。柔軟性や保守性を高め、開発プロセス全体の効率を向上させると言われ、自動車産業等幅広い分野で活用されている）としていたこともあり、技術の継承・情報共有等がなされ、いい意味でのファミリー化ができたとともに、技術と運用の連携がなされた例であろう。

3 官民協力

(1) 全体面

研究開発において、自衛隊は早期から民間企業とも連携を図っていた。

前述したように、自衛隊は戦前のような工廠を持っていない。いざ装備品をつくるとなると、これは企業にやってもらわなければならない。そのような背景と、戦後復興や技術力向上のため企業側も協力的であり、高度成長期の波にも乗って、官民双方がうまくやっていたように見える。そして経済成長と同時にある意味順調に増額された防衛費により、高度で高価な装備品の取得が可能であったこともあり、研究開発や防衛生産に関する問題はあまり表に出ることはなかった。バブル崩壊後の日本における経済状況から、防衛予算も緊縮化され、それとともに研究開発や防衛生産にも様々な問題が噴出した。

あわせて世のなかの流れとして世間の見る目、つまりはコンプライアンス関連が非常に厳しく言われるようになり、自衛隊と企業との連携が慎重になりすぎた面もある。

研究開発においては、自衛隊が工廠を持たないからこそ自衛隊の、特に運用の考えをしっかり企業にも理解してもらって、モノにしてもらわないといけない。ないしは、企業の方もモノづくりの際に、自衛隊側に設計・開発現場のことや製造現場のことに関して理解を促すことが必要である。

確かに過去に癒着として問題になったこともある。しかしながら、例えば委員会といった場での議論だけでは良いモノはできないだろう。そこで官と民が互いに垣根をつくってしまうのは行き過ぎた規制ではないか。いわゆるオーバーコンプライアンスである。一つの装備品をモノにしようとするならば、官民一体となった取り組みが必要であり、だからこそ相互理解が重要となるはずである。

(2) 相互理解の重要性――ヘリコプターの事例

以下は筆者の先輩にあたる陸上自衛隊航空職種の方から教えてもらったことである。

ヘリコプターの製造・整備をしている企業の方に陸上自衛隊航空部隊の演習を研修してもらったところ、「陸上自衛隊は海空自衛隊や他業種の人たちより細かいことにうるさいし、注文が多すぎると思っていたが、こういう背景があったのですね」と言われたとのこと。すなわち、演習場の土埃等が舞うなか、ないしは雨のときなどに泥だらけになりながらも、あるいは積雪地であったとしても野外においてヘリコプターの整備をしなければならない現場を見て、納得してくれたのである。

それまで、陸上自衛隊側から「複数あるカバーにおいて、もし見えなかったとしても間違えないために取っ手の形状をそれぞれで変えてほしい」とか「手袋をしていてもかじかむくらい寒いときでも、確実に締めつけることができるようにしてほしい」とかと要求し、その理由を口頭で説明してきたが、企業側はなかなか理解してくれなかった。

また、夜間であれば光が漏れないようにシート等をかぶせ、懐中電灯やケミカルライト等のわずかな光を頼りに整備をしている隊員の姿を見て、工場や格納庫、飛行場で、つまりはコンクリートやアスファルト面の安定した場所で十分な照明のもとで整備を行うのとは違うのだと企業側は理解した。その後はとても協力的になってくれたのである。

もちろん、自衛隊側も製造現場等に足を運び、相互理解をしたうえでのこと。それにより双方納得のいく解決策を導くことができたのである。

なお、官側にも民側にも技術者ないしは技術系と呼ばれる研究サイドの人たちがいる。研究サイドの人たちは技術的なことを究める努力も重要であるが、使用者たる運用者に対して、もしくは予算を握る財政当局に対して、企業においては経営陣に対してわかりやすく説明し、理解を得ることも必要であろう。いわゆるプレゼン能力の向上を図り、相互理解に寄与することも大切な業務である。

専門用語を多用し、自らの知識を披露するような説明では、誰からの協力も得られない。難しいことを平易な言い回しで表現し、必要性や重要性について理解を得られれば、皆が応援団になってくれる。そのようにして研究開発事業を進めていくと、成功につながるであろう。

（３）企業の体力低下

防衛生産・技術基盤とは、防衛省・自衛隊の活動に必要な装備品などを開発・生産・運用・維持整備・改造・改修するために必要不可欠な人的・物的・技術的基盤のことである。日本には工廠がないこともあり、その多くの部分を防衛装備品等を生産する民間企業（防衛産業）が担っており、大企業から中小企業まで特殊かつ高度な技能や設備を有する広範な企業が関与している。

一方、装備品の高性能化に伴う調達単価や維持・整備経費の増加などにより、防衛予算が伸びない時代には調達数量が減少した。研究開発コストは上昇傾向だったものの、防衛関係費に占める研究開発経費の割合の推移は横ばいだった。つまりは研究開発経費も伸びていない状況であり、研究開発事業の数は減少し、企業にとっては研究開発に携わる機会が減っていった。そして、時代背景等からキャッシュフローを重視するようになった企業にとって、防衛分野は成長を期待できないものになっていった。

また、日本における防衛装備品等の大部分は競争性・市場性がないこともあり、材料等の原価の積み上げによって契約価格を算定せざるを得ない状況だったため、原価積み上げ方式により調達価格を設定していた。一方で、実際に原価を確認して当初に設定していた契約価格の原価よりも低減されていた場合には国に差額を返納するという契約形態（原価監査付契約）を採用していた時期もあった。工夫や努力により利益を上げて改善・改良等につなげる将来の原資にしようとする姿勢すらも否定しかねない状況であった。

バブル崩壊後の日本においては、「合理化・効率化」や「予算（執行）の適正化」という名のもと、価格低減ばかりが求められ、防衛生産・技術基盤を支えるはずの企業の体力は消耗し低下していった。携わる人たちもどんどん減っていった。

防衛事業は、装備品の高度な要求性能への対応だけではなく、保全措置への対応にも多大な資源の投入を必要とする一方で収益性が低い。そのうえ、前述のように成長が期待できないなど事業としての魅力が乏しいと見られてしまった。

さらには、サイバー攻撃への対応やセキュリティクリアランスといった多様な課題がある。もしそういったことへの対応を誤れば、企業に対するネガティブな評価につながり、その情報が拡散すれば信用やブランド価値が低下して損失を被るリスク、つまりはレピュテーションリスクまで考慮する必要がある。年々それらがより顕著になっている傾向もある。

これらのことから、後継者の育成、技能やノウハウの維持・伝承が困難となり、防衛事業から撤退する企業が増えた。

前記に関する問題意識は、いわゆる安全保障三文書を検討する際にも提起されているが、国防の基盤をないがしろにしていたと言わざるを得ないだろう。平成の時代を中心に三〇年あまりも続けられたこのツケは重い。

４ 研究開発の失敗例

失敗が許されない世界である自衛隊の研究開発だが、過去に失敗したことはある。ここでは開発中止に至った一例を見てみよう。

（１）ＡＡＭ－２

ＡＡＭ－２は、国産初の空対空ミサイル（ＡＡＭ：Air to Air Missile）である六九式空対空誘導弾（別名ＡＡＭ－１）の次に、当時の防衛庁・自衛隊において研究開発を行った空対空ミサイルである。

一九六九年度に次期主力戦闘機としてＦ－４ＥＪの導入が決定されたことを受け、Ｆ－４ＥＪに搭載するためのミサイルとして、一九七〇年より開発が開始された。

アメリカではＦ－４戦闘機にＡＩＭ－４Ｄ（ＡＩＭ：Air Intercept Missile、通称ファルコン）を搭載しており、航空自衛隊もＡＩＭ－４Ｄを導入しようと検討していたが、当初アメリカは輸出を許可しなかった。そのため、国内開発を目指したとも言われている。

また、ＡＩＭ－４Ｄには問題点が複数あった。それらを解決して、ＡＩＭ－４Ｄの性能を超えることを目標としてＡＡＭ－２は研究開発をスタートしたのであった。

例えば、ＡＩＭ－４Ｄの誘導方式は赤外線ホーミング（目標の熱源が出す赤外線を探知し追随する方式）であり、後方からの攻撃に限られるが、ファイア・アンド・フォーゲット能力、いわゆる「撃ち放し」能力があり、一撃離脱ができるという長所があった。

ＡＡＭ－２の誘導方式も赤外線ホーミングではあったが、限定的ではあるものの敵機の前方や側方からも攻撃可能とした全周対応型であった。

ちなみに、当時の空対空ミサイルの誘導方式として技術的に確立されていたのは、電波ホーミング（目標に電波を当て、その反射波を探知し追随する方式）と赤外線ホーミングの二種類があった。前者は長射程、全天候性の特性があり、後者は構造が簡単で比較的低価格なこと、電波妨害に優れ、発射後の母機の行動を制約することが少ないという特性があった。

当時の防衛庁においては、航空自衛隊の要求にもとづき、赤外線ホーミング方式の研究開発を優先し、ＡＡＭ－１に引き続きＡＡＭ－２も赤外線ホーミング方式としている。

ＡＡＭ－２は高性能なロケットモーターを使用することにより、運動性能や射程の向上を図った。加えて、ＡＩＭ－４Ｄが小さな弾頭で近接信管を備えていなかったために直撃しないと効果がなかったのに対し、ＡＡＭ－２では弾頭威力を向上させたとともに近接信管を装備することにより、その問題を解決していた。

ＡＡＭ－２は発射試験も実施し、完成目前のところまで来ていた。

しかし、その段階でアメリカがＡＩＭ－４Ｄの輸出を許可した。ベトナム戦争後に余剰となっていたことが背景にあるとも言われている。価格については一〇〇万円程度である。

一方で、ＡＡＭ－２の研究開発を続けて採用することになったとしても、価格は一〇〇〇万円近くになると見積もられたとの話もある。ＡＩＭ－４Ｄと比較すると、性能面では上回るが、コスト面では太刀打ちできない状況であった。あわせて、国産の装備品に対する運用者の評価としては、当時においてはまだまだ低いものであった。

結局、日本はＡＩＭ－４Ｄを輸入して航空自衛隊に装備することとし、ＡＡＭ－２は一九七五年に開発中止となった。

当時を知っている方から聞いた話であるが、研究開発に携わった人たちの間では、技術的には成功したと考えていた。さらには一九七〇年に策定された「国産化方針」もあったことから、部内には一種の不信感が渦巻いていた面もあったとのこと。実際に技術研究本部が出した文書のなかには「ＡＡＭ－２型は、基本要目をすべて満足し、所要の性能を有するものと認められ、長年にわたる技術試験は優秀な成果を収めて終了した」との記載が残っている。

一般的に、運用者は装備品として「良いモノが欲しい」と要求し、技術者は「良いモノをつくりたい」と努力する傾向にある。その両者が連携して「良いモノができた」としても、価格が高すぎては採用されない現実に、ＡＡＭ－２は直面したのであった。

ただし、当時の防衛庁・自衛隊なかでも技術研究本部はこのＡＡＭ－２不採用を大きな反省事項として捉え、「性能のみならずコストも含めた追求が必要」であるとともに「運用者の信頼を得ることが重要」との教訓を導いて、企業の協力を得ながら次の研究開発へつなげていった。

また、ＡＡＭ－２の発射試験に採用した評価手法や要領等が、後の研究開発における大規模試験評価システムの先駆けとなり、以後のミサイル開発の基礎を固めたと言われている。

あわせて、このことを事例として後輩たちに語り継いでいくこととなる。筆者もその教育を受けた一人である。

(2) 装輪装甲車(改)

装輪装甲車(改)は、陸上自衛隊に配備している九六式装輪装甲車の後継として開発が行われた。

九六式装輪装甲車は、陸上自衛隊が初めて本格採用した装輪型の装甲人員輸送車である。それまでは七三式装甲車というキャタピラー型の車両か、装甲のないトラックで隊員を輸送していた。前者ではアスファルト道路の通行に制限があった。後者においては防護力がなく、人員の安全確保が必要な場合は使用困難であった。

九六式装輪装甲車の登場により、アスファルトが多い公道でも運用が容易になったことから各種災害派遣に用いられるとともに、イラクの人道復興支援の際にも派遣された。汎用性があることを実績で示すこととなった。

一方で時代の変遷を受けて、九六式装輪装甲車では島嶼部侵攻対処や国際平和協力活動等にともなう各種脅威からの安全確保、積載性、拡張性などに限界があり、対応が困難になってきた。

例えばＩＥＤ(Improvised Explosive Device：あり合わせの爆発物と起爆装置からつくられた即席爆発装置)といった各種脅威や多様化する自衛隊の任務の動向を踏まえると、必要となる防護力等を確保するためには、車体の大型化とともにエンジン出力の向上などが必須とされた。

諸外国にも実用化された装輪装甲車が存在していたが、各種脅威からの防護能力等の性能面やコストを総合的な観点から比較検討した結果、国内開発の優位性が認められた。このようにして、装輪装甲車（改）は二〇一四年度からの研究開発がスタートした。

二〇一七年一月には試作車が防衛省に納入され、防衛装備庁のウェブサイトにおいてもその動画等が公開された。

しかしながら二〇一七年一二月には、防衛省と開発メーカーである小松製作所は、装輪装甲車（改）試作車の防弾板等に不具合があり、必要な対応を行うため、開発完了時期を当初計画していた二〇一八年度から二〇二一年度以降に延期することを発表した。

そして二〇一八年七月、防衛省から正式に開発事業の中止が公表された。

これを契機に、九六式装輪装甲車や軽装甲機動車などを開発・供給していた防衛産業として実績のある小松製作所が、戦闘車両という防衛分野から撤退していくこととなる。

このほかにもどのような影響が生じたであろうか。

まず言えることは、防衛力整備に関する影響である。

当初計画にあったように、二〇一八年度に開発が完了し装備化していれば、部隊への配備は二〇二〇年度頃と予想できる。本章執筆時の二〇二四年夏には複数の部隊に装輪装甲車（改）が配備され、隊員の完熟訓練も終えて戦力化されていたはずである。

装輪装甲車（改）の開発中止後、防衛省において各種検討が行われ、二〇二二年一二月に次期装輪装甲車（人員輸送型）としてフィンランドのパトリア社製ＡＭＶ（Armored Modular Vehicle：装甲モジュラー車両）を採用することが決定した。二〇二三年九月にはそのライセンス生産を日本製鋼所が行うことをパトリア社と締結した。しかし、モノはまだ納入されていない。

安全保障三文書にも記載されている「防衛体制の強化」に遅れが生じたと言わざるを得ない。

装輪装甲車（改）試作品の不具合については、耐弾性能のばらつきの多い防弾板の使用や板厚不足等との公表があった。その後企業側において新たな防弾材による耐弾試験が行われたものの、当時のまま開発事業を継続しても、耐弾性、車体重量、量産コストに関する目標を満たして開発を完了する見込みが立たない旨の発表があった。

どうして開発中止にまで追い込まれてしまったのか。公表されていることは前記のことしかなく、詳しいことは筆者も承知していないが、ぜひとも反省事項を洗い出し、教訓を導いて後世に伝えていってほしい。

5 防衛技術と非防衛技術

(1) 研究開発経費

各種統計から、産官学を合わせた日本の研究開発費は二〇二一年度において一九兆七四〇八億円であった。一九九〇年度の一三兆七八三億円から三一年間で一・五倍に増加しているものの、年平均増加率は二・四%程度にとどまっている。

主要国の研究開発費を見ると、二〇二一年におけるOECD購買力平価換算では、アメリカ八二兆四七〇四億円、中国四八兆四六三七億円（二〇一八年データ）、ドイツ一五兆六七八六億円、韓国一二兆二三九一億円、イギリス九兆二四九四億円（二〇二〇年データ）、フランス七兆八七三七億円となっている。

これらを伸びという点から見るために、購買力平価換算値において二〇〇〇年を一〇〇として計算すると、二〇二一年においてアメリカは一九七・〇、ドイツ一六三・〇、フランス一三三・一であった（イギリスはデータ未整備のため算出できず）。中国は一一六七・四（二〇一八年データ）と桁違いであるが、韓国においても四九一・九と主要先進国に比べて驚異的な伸びを示している。これに対し日本は一三二・二で低い伸びと言ってよいだろう。

日本における研究開発費を部門別に見ると、企業が七割を超えており、大学が二割弱、公的機関等が一割を切っている傾向が続いている。このことからも、日本の研究開発における主力は企業であるが、一九九〇年代のバブル崩壊から雇用・設備・債務のいわゆる「三つの過剰」問題のなかで研究開発費の抑制・削減傾向があったとも言われている。

その後景気の影響を受けながら、金額的には一進一退を続けている状況であるが、かつての勢いや輝きといったものは見えにくい。

日本の国における科学技術関係予算は、二〇二二年度の当初予算において四兆二九二一億円、補正予算と合計すると八兆八九八五億円だ。このうち防衛省分は一六四五億円のみである。当初予算から見ても三・八％ほどであり、補正予算との合計からすると一・八％にすぎなかった。さらには、防衛技術との連携を各省庁はまったくと言っていいほど行ってこなかった。

科学技術関係は国だけで行うものではないが、他省庁との連携もない状況で防衛省・自衛隊だけの予算で対応するには進展性に限界があるとともに、このような予算規模ではイノベーションにはとてもつながらない。もちろん、予算面に限らず連携がないということは、知識の交流もなく、新たな発想を生み出す機会すら得られていないことになる。このような分断は、防衛省・自衛隊と学の間で特に顕著であった。

アメリカにおいては、政府の二〇二一年の科学技術予算は一六・二兆円（OECD購買力平価換算）あり、国防用科学技術予算の割合も他国と比較すると圧倒的に大きく、政府負担科学技術予算の約半分を充てている。最新技術は軍事分野から生まれることが多々あり、インターネットやGPSなどはその代表例だが、アメリカはそれを実践している。

つまり、軍事技術と民生技術をダイナミックに相互作用させ、国全体の技術発展や経済活動につなげているのみならず、世界を変えていくツールをいくつも育ててきた。

細部は後述するが、防衛技術と非防衛技術を区別するのではなく、社会的・経済的な発展のため、そして安全保障のためにも連続的かつ一体的に見ていくことが必要である。

また、研究開発は将来への投資でもあり、その経費や予算面においては十分に配慮することが必要であろう。

二〇二三年度の防衛関係費における研究開発予算（他分野も含めたもの）は前年度比三・一倍となる八九六八億円を計上したと、『防衛白書』等でもかなり強調していたが、翌二〇二四年度予算では八二二五億円であった。さらに二〇二五年度概算要求においても六五九六億円にとどまっている。

他にも大切な事業があってそちらにも予算を回さなければならないことは理解するものの、防衛分野における研究開発予算はもともとが低い額であり、かつ長年抑制されてきたことを考えると、いまだ不十分な面も多々ある。伸びが継続していないというのはいかがなものだろうか。技術力を磨き、日本の防衛に貢献しつつ将来的な国民の財産へつなげていくためにも、研究開発経費を継続的に伸ばすことも大切であろう。

二〇二三年度が防衛予算における研究開発費の頂点だったということがないよう、今後に期待したい。

(2) 技術の融合

日本における研究開発や技術において、従来は防衛分野と非防衛分野は区別されてきた。相互の連携や活用についても低調であった。しかしながら近年では、最先端の科学技術が加速度的に進展していることもあり、防衛と非防衛との区別は実質的に極めて困難となっている。

例えば各国は、人工知能（ＡＩ）、量子技術、次世代情報通信技術などの最先端技術を、将来の戦闘様相を一変させる、いわゆるゲームチェンジャーとなり得るものと捉えて研究開発に力を入れ軍事分野での活用や応用の進展を図っている。

また、近年の国際社会においては、紛争が生起していない段階から偽情報や戦略的な情報発信などを用いて他国の世論・意思決定に影響を及ぼすとともに、自らの意思決定への影響を局限することで、自らに有利な安全保障環境の構築を企図する情報戦に重点が置かれるようになった。このような世論操作や情報操作等を含めた認知領域での対応も、安全保障の一環として確実に行わなければならない。

その際に先端技術の活用は不可欠である。

さらに宇宙空間を利用した技術や情報通信ネットワークは、人々の生活や社会にとっての基幹インフラとなっている。その脅威となるサイバー攻撃への対処も、年々重要となっている。宇宙や通信技術などは、意識しているかは別として、いわば国民一人ひとりに身近な存在になっている。だからこそ、サイバー攻撃等の脅威が私たち自身にも迫っていることを認識すべきであろう。自衛隊や一部の省庁に任せていれば済む話ではないのだ。

先に挙げた技術などは防衛と非防衛で分けられないものであるが、日本の場合は長年の思考環境の影響もあり、区別すること、切り分けることに躍起になっていた面があった。特に学術分野において、序章でも述べているが、自衛隊には研究成果である民生技術（非防衛技術）を使わせないといった傾向が強烈であった。そのようなことが、各国との先端技術の開発競争に遅れる要因の一つになっていたと言わざるを得ない。

その他の例として、ＡＩという言葉がまだ浸透していない二〇〇〇年代から二〇一〇年代前半のディープラーニングとかビッグデータとかの重要性がちらほら出てきていた頃、日本は何をしていたのであろうか。

心ある人たちはデータ整理の必要性をいろいろなところで発信していたものの、動きは極めて鈍かった。一部では何に活用できるのか、それは本当に便利なことなのかなどの入り口論にとどまっており、また一部ではいわゆる方法論、何をどのデータと関連づければいいのかという議論をしていた。そのなかには保全という名のもと、データ非開示のため対応できないというものも多々あった。日本では、セキュリティに関する資格的なものが構築されていなかったのである。

そうこうしているうちに、他国では片っ端からデータを収集、関連づけていたこともあり、気がついた頃には日本はＡＩ分野で完全に遅れてしまった。

また、新型コロナウイルスに対するワクチンにおいては、日本国内にｍＲＮＡワクチンの研究開発基盤が整っておらず、大混乱のなかで厚生労働省を主体として海外製品の確保に奔走した。結果として購入契約量の四分の一以上が廃棄対象となった。

こういった事例は、「国が」とか「企業が」とかではなく、官民ともに反省したうえでしっかりとした対策を施し、一体となった研究開発を推進していく基盤を整えてもらいたいと切に願うものである。国内に技術基盤を保持することで、バーゲニングパワーになるとともに、足元を見られて不利な条件をのまされたりすることを回避できる。つまりは防衛分野に限らず経済安全保障にも、また国益にもつながることがあるといま一度認識すべきであろう。

宇宙・サイバー・電磁波の領域や情報戦に関する事項などは、近年の『防衛白書』にもその課題や対応できる能力構築の必要性等をかなりの紙面を割いて強調している。そのなかでは、「科学技術とイノベーションの創出は、わが国の経済的・社会的発展をもたらす源泉であり、技術力の適切な活用は、安全保障だけでなく、気候変動などの地球規模課題への対応にも不可欠である」とも述べている。

重要性の認識についてはこれくらい説明すれば十分だろう。次にその考えを国内に浸透させ、実行に移さなければならない。

最先端技術への対応や認知領域を含むマルチドメインの対応は、防衛省・自衛隊だけで賄えるものではなく、学術界の力も得ながら各省庁や民間企業と一体となって推進し、強化する必要がある。国民もそのことへの認識を深め、基盤形成の一翼となることを期待したい。さらには共通の価値観を持つ世界各国とも連携し、技術交流や人的交流を進め、様々な場を活用して意見交換を行うことにより、多様な可能性を見出していってもらいたい。

(3) 不断の努力

研究開発は斬新なアイデアも必要であるものの、それ以上に積み重ねや継続が重要となる。技術に関しては、努力を継続しなければそこで止まってしまい、時間の経過とともに陳腐化を招く。一方で努力を継続していけば、陳腐化せずに済むだけでなく、有益なヒントを得るとブレイクスルーの可能性すら出てくる。技術のブレイクスルーにより自衛隊における運用のイノベーションの可能性も見出せ、ひいては社会のイノベーションにもつながる。このことからも、研究開発は安全保障の本質とも言えよう。

だからこそ、失敗しても諦めない、タダでは転ばない意識を組織としても、研究開発に携わる個人としても醸成する必要があろう。意味のある失敗を認め評価する、失敗したとしても意味のあるものにするには何が必要なのかを考えるのも、将来を見据えた発展のためには有効である。失敗を経験することにより、気づきや学びがあり、人も組織も成長していく。

研究開発においては技術の蓄積が重要となってくるものの、これは一つの分野をコツコツと積み上げていくというだけではないはずである。一見、直接的には関係なさそうな技術分野における成功・

失敗の教訓は大いに役立つはずである。前述したように、残念ながら日本では、失敗した事例について教訓となるようなデータを残していないことが多い。文書管理上においても、非公表・非公開ということが多数である。他の先進国のように、数十年経過したら秘密文書を公開するという仕組みがなく、実質すべて破棄している。これでは後世の人たちが検証することもできない。失敗のデータこそ、価値ある財産として管理することも一案ではないか。

防衛関係の研究開発でもＡＩをはじめとするデジタル、宇宙、サイバー、地球温暖化、パンデミックなどと相俟って複雑な環境下での行動等を考慮しなければならない。それらへの対処のためには、前述したように国際的な協力関係も必要となってくるが、国内では産官学の連携が必要である。

国民の生命・財産を守るための研究開発であれば、国家に貢献するというだけではなく、国民生活や経済活動を支えていることと同義であるはず。つまりは防衛関係の研究開発も社会貢献につながっていると言えよう。これらのことからも、産官学がもっと連携できるところはまだまだたくさんある。そのような協力関係が生まれ、一時的なことにとどまらずに息の長い活動となっていくことを切に願う。互いに尊重し合って、真の議論が継続的にできる関係に達することを期待したい。

おわりに

政府は二〇二二年一二月、国家安全保障戦略、国家防衛戦略および防衛力整備計画を策定し、「防衛生産・技術基盤は、いわば防衛力そのもの」と示した。その基盤強化のため、二〇二三年には「防衛省が調達する装備品等の開発及び生産のための基盤の強化に関する法律」を制定し、防衛省は「装備品等の開発及び生産のための基盤の強化に関する基本的な方針」を定めた。

そこでは装備品に関し「国産による取得を追求」という文言がある。また、「国産による取得により難い場合であっても、我が国への技術移転による技術力向上や将来的な我が国による改修の自由度の確保に努める観点から、国際共同開発・生産又はライセンス国産による取得を追求」ともある。国際的な協力を視野に入れながらも、基盤を国内に保持することの必要性を明示したのは結構なことだ。

その中身はどうなるのか、多くの人が注視していることであろう。

現在、日本を取り巻く環境は大変厳しいものがある。また、動き・流れが相当速くなっていることもあり、以前のように構想・研究・開発・運用というように何年もかけて段階的に行っていくことを待ってはくれない面もある。研究開発においてもスピード感がより重視されていく傾向にある。

一方で「研究開発をするよりも、諸外国にあるものを買ってきた方が安くて早い」と主張する人たちもいるが、本当にそうだろうか。筆者にはその場限りのことしか考えていないように思えてしまう。補給整備を含めた運用のこと、改善や改修を含めた技術力のこと、国内にお金が回るのかという経済的なこともよく考えた方がよいのではないか。

少なくとも、議論を行わないことは避けるべきであろう。防衛省・自衛隊側と企業側が連携し相互理解を深め、得意分野や立場が違う者たちが大いに議論することによりヒントを得て、次につなげていくことが必要であろう。そのためにも、研究開発においては意味のある失敗を許容する風土をつくり、数多くの引き出しを用意してはいかがだろうか。

失敗を積み重ねて学ぶことにより、個人も成長し組織も成長していく。その行き着く先に成功がある。逆に言うと、失敗から学び取ることなしに成長も発展もない。

リスクがあるからこそ、研究開発という段階を踏んでいる。失敗や不具合を克服して装備品にする。継続的な見直しをしてモノにしていく。だからこそ研究開発は重要な段階なのである。

研究開発を含めた防衛生産・技術基盤に関して、防衛省・自衛隊と企業が一体化していないと安全保障は成り立たない。

研究開発の現場が活性化し、自衛隊のブレイクスルーやイノベーションの一端を担ってくれることを期待したい。そして日本の経済的・社会的発展をもたらす源泉の一翼を担い、防衛分野にとどまらず、安全保障に関わる総合的な国力の主要要素となってもらいたい。

【参考文献】

飯田将史（２０２０）「人民解放軍から見た人工知能の軍事に対するインパクト」『安全保障戦略研究』第一巻第二号、防衛研究所

――（２０２１）「中国が目指す認知領域における戦いの姿」『ＮＩＤＳコメンタリー』第一七七号、防衛研究所

佐久間啓（２０２３）「『科学技術指標２０２３』から見える日本の科学技術活動での立ち位置」『金融市場レポート』第一生命経済研究所

内閣府（２００８）「防衛省研究開発評価実施要領」

日本政府（1966）「第3次防衛力整備計画の大綱」
藤川隆明（2023）「戦略三文書策定以降の防衛生産基盤強化」『立法と調査』
防衛庁（1970）「装備品の生産及び開発に関する基本方針、防衛産業整備方針並びに研究開発振興方針について（通達）」防装管第一五三五号
――（2006）「防衛生産・技術基盤戦略」
防衛庁技術研究本部（1978）『防衛庁技術研究本部二十五年史』
防衛省（2023）「装備品等の開発及び生産のための基盤の強化に関する基本的な方針」
――（2023）『令和5年版防衛白書』
防衛装備庁（2015）「防衛省研究開発評価指針について（通達）」防装庁（事）第一四号
松村博行（2016）「防衛生産・技術基盤の改革と外部技術へのアクセス」『社会情報研究』第一五号
宮脇俊行（2013）「新空対艦誘導弾〝ASM－3〟」『軍事研究』ジャパン・ミリタリー・レビュー、2013年6月号
文部科学省科学技術・学術政策研究所（2023）「科学技術指標2023」

終章

タブーなき自己変革

日本的安全保障を築く

1 『失敗の本質』を超えて

(1) 日本軍の失敗からの教訓――「成功体験への過剰適応」

一九八四年五月の『失敗の本質――日本軍の組織論的研究』(ダイヤモンド社)の発行から四〇年が経った。一九九一年に文庫版(中央公論新社)も加わって、多くの人々に読み継がれ累計一〇〇万部に迫るロングセラーとなっている。

なぜ、日本軍は太平洋戦争で敗北したのか。その問いの究明を組織論的に試みた『失敗の本質』の要諦を一言で表せば「成功体験への過剰適応」である。それは、ノモンハン事件、ミッドウェー作戦、ガダルカナル作戦、インパール作戦、レイテ作戦、沖縄戦の六つの戦における〝日本軍の失敗〟からあぶり出された。

日本軍は、日露戦争など過去に通用した戦い方である「白兵銃剣主義」や「大艦巨砲主義」にあまりに固執したため、戦況が変化するなかでも現実を直視できず、誤った判断や行動をもたらした。さらに、日本軍としての共通の戦略目標に向かって一枚岩となって戦うために組織的統合を図るべき陸軍と海軍は、互いに対立しており、その動きはバラバラであった。

『失敗の本質』は、さらに以下のように詳細に考察している。戦略上と組織上の〝日本軍の失敗要因〟として、〝戦略の曖昧さ〟〝短期の戦略志向〟〝アンバランスな技術体系〟〝集団主義(空気の支配)〟〝縦割り組織〟〝異質性の排除〟〝組織学習の軽視〟〝不都合情報の隠蔽〟などを提示した。

これらは、現代を生きる企業や多くの組織にも当てはまる内容だ。想定外の状況や危機に直面しても、組織の都合の良いように現実を理解したり、場当たり的に対処したり、過去の成功体験を妄信し、刻々と変化する現実への対応を誤ったり、失敗した際に反省も検証もせずに隠蔽したり、そもそもイエスマンで固めて忖度《そんたく》させたり、内向き思考に終始したりする傾向は、今の日本の組織においてもあまり変わっていない。どんなに成功した大企業であっても、「大企業病」に陥ったり、不祥事を重ねたりてしまう歴史がそれを示している。換言すれば、日本軍の特質は、実は現在も多くの組織に引き継がれているのではないか。

日本が未曽有の危機に直面するたびに、多くの組織のトップマネジメントや現場の第一線のリーダーたちが、四〇年前に発行された『失敗の本質』を今でも参照している。〝日本軍の失敗要因〟は、反面教師として、あるいは教訓として、ときを超えてどのような組織にも生かされようとしている。

軍事組織に限らず組織が変化に対応するには、過去の環境に適応していた自己の組織の戦略や構造、文化、ルールなど、相互に関係し合って機能しているものすべてを、一貫性をもって変革しなければならない。しかし、経済学では「経路依存性」と定義づけられているように、組織には慣性・惰性が働く。変革しようとする力には強い反作用が生まれ、抵抗勢力と対峙しなければならない。そのような阻害要因を克服するための普遍的な示唆が、『失敗の本質』にはある。

本書はここまで、自衛官として実践の実体験を持つ筆者陣が、戦後に創設された自衛隊について書き表してきた。

序章では、「乖離から融合へ――社会と自衛隊」として、日本国民と自衛隊の内面的距離の変遷を考察し、日本社会との一体化を目指すうえで、現在の自衛隊に求められる課題に触れた。

第1章では、「分化と統合――自衛隊の次元と領域の拡大」として、旧日本軍から教訓を得たはずである自衛隊の今日における分化と統合の課題について、筆者の実体験を含めて語った。次いで、第2章では、軍事組織は、その国特有の文化や価値観から意識的あるいは無意識的に影響を受け、その国の社会のありようを映し出すとして、「魂と共感――日本社会によってつくられた自衛隊」という切り口から、社会との共感によってつくられた自衛隊の魂とは何なのかを論究した。

第3章では、「実践知の蓄積――自衛隊任務の変遷」として、冷戦期から今日までの国防任務の戦略思想の変遷や特性を、国防、公共の秩序維持、災害派遣、国際平和協力活動に現場の当事者として関与した筆者の経験も踏まえて議論を展開した。続く第4章では、戦後の防衛政策と自衛隊の活動の節目となったイラク派遣について、「武士道と戦略文化――イラク派遣現場での発見」として、派遣部隊初代指揮官の筆者自らがその実体験にもとづいて詳細に物語った。

そして、第5章では、「失敗が許されない世界――自衛隊における研究開発」を装備品の研究開発事例や官民が協力した研究開発の事例、さらには、開発中止に至った実際の失敗事例も交えながら考察し、防衛省・自衛隊と民間企業が一体化しなければ安全保障は成り立たないと結んだ。

『失敗の本質』は、太平洋戦争といった〝有事〟における日本の軍事組織を対象にしたが、本書は、創設以来、軍事力行使の経験を持たない〝平時〟における軍事組織である自衛隊を対象にした。

戦後、自衛隊は敗戦の反省を踏まえて設立された。序章で述べたように、国民と自衛隊の内面的距離は決して近いとは言えない。しかし、〝平時〟と〝有事〟がハイブリッドに重なることが現実化し、その境界が曖昧になってきている今の時代、自衛隊という組織を知ることに大いなる意味があるのではなかろうか。

安全保障がカバーしなければならない領域、対象、当事者の定義が今日、大きく広がってきたことは、これまで繰り返し述べてきた。権威主義国家の登場による国際秩序の変化、ＡＩやＩＣＴ等技術の高度化など、多様な要因が絡み合って、有事と平時、戦場と非戦場、現実空間と仮想空間などあらゆる次元での区別は曖昧になってきている。

このことが意味するのは、安全保障の日常化である。安全保障の担い手は、決して国家だけではない。地方自治体、民間企業、一般市民などが当事者になり得る。宇宙、サイバー、認知など戦いの場も手段も新しくなり、平時と言われる段階から、情報戦やサイバー戦といった水面下での戦いは始まっている。つまり、日頃より安全保障について自分ごととして考えねばならない。そのような時代を我々は生きていることに目を背けてはならない。

「専守防衛」という国防の基本政策のもと、戦わないことを前提としながらも、実態は軍事専門組織であるという自衛隊について多くを知り教訓にできることが、官民問わず多くの組織にとってあるはずだ。

（2）これまでの自衛隊研究からの教訓――「失敗体験への過剰適応」

戦後の日本では、戦争や軍事については暗黙的に触れてはならないものになっていた。例えば、防衛省のウェブサイトを見れば、陸上自衛隊の〃普通科〃について、以下のように書かれている。「地上戦闘の骨幹部隊として、機動力、火力、近接戦闘能力を有し、作戦戦闘に重要な役割を果たします」[*1]。この内容を見ると、普通科とは明らかに歩兵部隊のことである。しかし、歩兵部隊と表現できなかったのだ。このことは序章でも問題提起した。

繰り返しになるが、当時、太平洋戦争で日本の人々が受けた物的・精神的ダメージは計り知れないほど大きかった。また敗戦は、一般的な軍事用語を忌避する風潮へとつながった。戦後復興を生きた人々にとって先の大戦における経験は耐え難い記憶であり、「軍事」「安全保障」について言葉を交わすことは決して容易ではなかったからである。そして、それは長らく日本の国民感情において支配的であった。

戦争を想起するものが否定されてきた名残を、現在でも多く見ることができる。結果として、前述のように、「日本国憲法（第九条）」と「日米安全保障条約（日米同盟）」に日本の安全が過度に委ねられ、多くの人々は平和が永遠に続くと錯覚する総「平和ボケ」する状態を生んできたのである。これは、敗戦という「失敗体験」に過剰に反応したためであり、戦争や軍事にまつわる事柄が暗黙的にタブー視されるという風潮に過剰適応したからであろう。

第2章では、失敗をしない組織運営に重きを置き、「戦わない」ことを固定観念とした平時型自衛官の姿に言及した。第5章でも自衛隊という組織の内部では、「失敗体験への過剰適応」傾向は現在でも顕著であると述べた。例えば研究開発プロセスでは、研究開発着手時、過剰なまでの評価・分析が行われる。計画と予算管理においては試作品製造を繰り返すことが前提となっている。企業との連携には慎重になりすぎ、厳しい規制が存在している。旧日本軍の失敗体験への過剰適応によって、自衛隊は組織として、オーバーアナリシス（過剰分析）、オーバープランニング（過剰計画）、オーバーコンプライアンス（過剰規則）の「三大成人病」に陥っていることがうかがえる。

『失敗の本質』では、日本軍の組織特性として情緒的判断が理性的判断を上回り、「科学的思考」が軽視されていたことを指摘した。今日における自衛隊は、反対に「科学的思考」を偏重し、「三大成人病」が重症化しているとも言える。「三大成人病」は軍事組織である自衛隊に限らず、多くの日本企業に蔓延している。我々は、「失われた三〇年」と呼ばれる日本の知的競争力の劣化の真因はそこにあると見ている。

いかなる組織においても、最新のＩＴツールを導入し、科学的に分析し、数値を把握して管理するだけでは、経営は立ち行かない。どんなに数値データを集めても、生成ＡＩを駆使したとしても、確実な未来を予測することはできない。そして、想定外の状況変化に臨機応変に対応することは難しい。

＊1　防衛省・自衛隊ウェブサイト（https://www.mod.go.jp/gsdf/jieikanbosyu/details/job/rikujo-futsu.html）より引用。

どのような状況や環境でも正解を示してくれる〝打ち出の小槌〟や絶対的な経営手法はないからだ。客観的分析モデルをつくることが経営だとして数値に偏重し、人間一人ひとりの思いや信念といった主観や背後にある人と人との関係性を蔑ろにしてしまうと、人間の活力や創造性は失われ、組織の知的競争力も劣化させてしまうのである。

自衛隊が陥った「失敗体験への過剰適応」は、「失敗」したことを反省するあまりに、反省を生かすのではなく失敗を避けようとする動きを加速させる。そうなると挑戦に対する組織の意欲や活力を奪ってしまい、組織的イノベーションの芽は摘まれてしまう。

「チャレンジして失敗を恐れるよりも、何もしないことを恐れろ」「成功は九十九パーセントの失敗に支えられた一パーセントだ」[*2]と語ったのは本田宗一郎である。

オランダにあるマーストリヒト大学のポール・イスケ教授は、失敗こそが重要な学習の機会であると捉え、「Institute for Brilliant Failures（輝ける失敗研究所）」を大学内に創設した。新しい価値を創造するためには、試行錯誤や挑戦を奨励し、失敗を許容することも重要であるからだ。

二〇一九年に日本で開催された「ラグビーワールドカップ」を思い出してほしい。東京都調布市で行われた開幕戦と、岩手県釜石市で行われた初戦には、航空自衛隊のブルーインパルスのアクロバット飛行が会場の空を舞った。

この大会は、事前の予想をはるかに上回る世界中からの称賛を集め、「史上最高の大会」と世界を驚かせた。その経済波及効果は六四六六億円に上り、様々な意味で、世界における日本のプレゼンス

（存在感）を高めた国際イベントであった。世界中のテレビ視聴者は延べ八億五七二八万人を記録し、実際に海外から延べ五七・八万人あまりの観戦客が日本全国一二の開催都市を訪れた。混乱も予想されたが、「テロ事件」などは起こらず、大会開催期間中の安全は保障されたのだ。

ラグビーワールドカップの開催は、日本初、アジア初のことであった。「失敗したら、二度とラグビーワールドカップが日本で開催されることはない。絶対に失敗することは許されない」と、数年にわたって大会の準備を進めた組織委員会であったが、現実は甘くなかった。

急遽会場として使用できなくなった新国立競技場、公認チームキャンプ地の不足、大会中止か否かの決断を迫られた台風の襲来など難問山積の巨大プロジェクトであった。

大会組織委員会のメンバーに、これほどの巨大プロジェクトをまとめた経験を持つ人間はほとんどなく、未知の難問への挑戦となった。官公庁、地方自治体、国内外の民間企業からの出向者、前職を辞して入職した者など、バックグラウンドや専門知識は多岐にわたった。組織風土やルール、行動様式がまったく異なる海外の専門家やコンサルタント、未経験が大多数を占めるボランティアなど、多様な人々との連携や共創が不可欠なプロジェクトであった。

当然、彼らはいくつもの失敗を体験した。もちろん小さな成功体験も積み上げた。確実に大会開催の日が近づいてくるなかで、さらには大会期間中にも問題が次々と生じるなかで、率直に失敗と向き合い、失敗をイノベーションにつなげる材料としたのである。軋轢、葛藤、衝突などの紆余曲折を経

＊2　Honda Cafe ウェブサイト（https://www.honda-cafe.jp/）より引用。

て、「いかにして失敗を次に生かすか」を一人ひとりが自ら考え、次の行動につなげる自己変革型の組織にトランスフォーム（変容）していったのである。

戦後、「軍事＝悪」「自衛隊＝戦争」だとして反軍事的風潮が蔓延する最中、一九五四年七月に自衛隊は設立された。自衛隊は日本の安全保障と防衛を担う組織であり、防衛省・自衛隊のウェブサイトには下記の一文がある。

「防衛省・自衛隊は、わが国の平和と独立を守り、国の安全を保つことを使命とし、国民の生命・財産とわが国の領土、領海、領空を守り抜くための取組の他、国内外での大規模災害や国際平和協力活動を含む様々な事態に対応しています[*3]」

その使命を担うために自衛隊は、有事のさなかの日本軍の失敗からの教訓を生かし、また同時に、ここまで議論してきた平時における自衛隊自体の教訓を生かし、大きな時代の流れの只中で日々のトランスフォーメーション（変容）を続けなければならない。平和であること、日本の安全が保たれること、安全が保障されることを誰もが望んでいるからだ。

自衛隊は、組織として日本軍の失敗体験へ過剰に適応した一方で、新たなイノベーションも創出している。その一例が、第1章と第3章で述べた水陸機動団（ＡＲＤＢ：Amphibious Rapid Deployment Brigade）である。繰り返しになるが、水陸機動団の創設は、陸上自衛隊にとっては地上生物から両生類へのコペルニクス的発想の転換であり、自衛隊の陸海空の三軍種の真の統合への取り組みの触媒になった。自衛隊はアメリカ海兵隊のように不断に自己変革（self-transformation）する必要性に気づかされたのだ。

防衛大学校は、陸・海・空の各自衛隊幹部となる者を教育する機関であるが、世界的に見てもユニークな存在であり、ある意味、軍事組織の幹部育成組織として一つのイノベーションである。防衛大学校は、日本軍の失敗からの教訓を大いに生かし、陸軍と海軍を別々の士官学校とするのではなく、一つの統合学校として設立されたのである。

「新設の学校の校長は自分が軍人以外から選ぶ、（中略）陸海両者の争いを根絶するため、この学校一つ教育を行なう」[*4]と、その設立に携わった吉田茂首相の言葉を、防衛大学校の初代校長の槇智雄は後に述懐している。

2　今日における日本の安全保障——国家防衛と経済安全保障

(1) 抑止力と自衛隊の武力

その創設以来、自衛隊の武力は行使されていない。

二〇〇四年、番匠幸一郎は自衛隊のイラク派遣部隊初代指揮官を務めた。第4章にあるように、非

＊3　防衛省・自衛隊ウェブサイト（https://www.mod.go.jp/j/profile/index.html）より引用。
＊4　槇智雄（2020）『新版 防衛の務め——自衛隊の精神的拠点』中央公論新社、323頁より引用。

戦闘地域であったが、多国籍軍を狙ったテロ攻撃が続くなかで危険が伴う現地で人道復興支援活動を導いた。「一発も撃たなくてよかった」と、多くの日本の人々は任務を終え帰国した番匠らを迎えたが、現地では「一発も人に向けて撃たなくてよかった」が正確であり、実弾射撃訓練は継続して行われていた。軍事組織である自衛隊が「ライオン」の気構えで任務にあたっていたことを象徴している。

自衛隊員の高い射撃の練度と規律ある行動は、その姿を目の当たりにした現地の住民から「自衛隊は人道復興支援任務に汗をかくロバの仕事をしているが、実は非常に強いライオンだ」とテロリストに伝わり、「もし自衛隊を襲ってくるならば逆に痛い目に遭うと思わせる」と番匠は言った。それは、ある意味、抑止力になっていたのではないだろうか。

番匠は、「自衛隊のイラク派遣」に加えて、東日本大震災における「トモダチ作戦」の日米共同調整所長を務めた自身の体験を、軍事関係者のみならず、民間企業のトップマネジメント層に向けて物語る講演機会を持つことが少なくない。番匠自身の行動指針の一つである「ABCプラスDE」(A：当たり前のことを、B：ボーッとしないで、C：ちゃんとやる、D：できるだけ、E：笑顔で)などは、企業人の心構えとしても不可欠のものだ。

番匠はこんなエピソードも語ることがある。

防衛大を卒業し研修を受け小隊長として臨んだ最初の演習で、番匠は判断に迷い失敗を繰り返していた。寒さが厳しいある日の晩、二人用の小さな宿泊用テントをともにした部下が番匠に言った。

「小隊長は決心するのが仕事だから、しっかりと決めてくれればいい。決めてくれたことは俺たちがしっかりやるから」

いつも、番匠の失敗をカバーしてくれていたその部下は、番匠の父親よりも年配であった。「指揮官の仕事というのは、自分と一緒にいることによって充実感を持って任務を遂行してくれるか、彼らが幸せでいるか、彼らに敬意を持って務めること。そういうことを教わった」と、部下のその一言を思い起こし、番匠はリーダーの役割、指揮官の仕事とは何かを改めて深く悟ったと語るのだ。

こういった番匠の数々のエピソードは民間企業でも通用するもので、組織のリーダーとしての在り方を示唆し、自身のリーダーシップを深く内省し再考を促す機会となっている。

それらの講演の多くで、番匠は、「屠龍之技《とりょうのぎ》」という中国の故事を引き合いにして、「平和と安全は与えられるのか？」と問いかけることがある。

「屠龍之技」とは、「役に立たない、無駄な技」のたとえである。

ある村の青年が村を襲う龍を屠ると一生かけて技を習得し磨いた。だが、龍が村を襲うことはなかった。そもそも龍などいないわけだから意味のないことだ。屠龍之技とはそんな故事である。されども、番匠は、この故事とは〝大きく異なる意味〟を語るのだ。

「その青年がいたから、彼の磨いた技があったから、龍は出てこられなかったのではないか。この故事の本質は自衛隊が持つ抑止力を暗示している。武力の『武』は『矛《ほこ》を止《や》むる』ことが語源とも言われる。平素はひたすら技を磨き、強さを鍛えながら、平常心を保ち、一旦緩急あらば敢然粛々と対処する。自衛隊が有する軍事力、そして鍛錬され磨き上げられた自衛隊員の力が、国際的な抑止力となって今の平和があるのではないか」と。

日本の多くの人々も、そのような自衛隊員の修練された力からなる国際的な抑止力、そして、「矛を止むる」ための自衛隊の軍事力があって、今の平和があるのではないかという議論を重ねてもよいのではないだろうか。「まえがき」でも触れたように、自衛隊に関する議論が、日本特有の文脈のなかに埋もれてはならない。

(2) 安全保障は他人事ではない

敗戦後、一九四五年から五二年まで、日本は連合国軍の占領下に置かれた。連合国軍最高司令官として日本を占領統治したダグラス・マッカーサー元米陸軍元帥は、軍隊の存在意義についてこう述べている。「君たちは戦争挑発者ではない。反対に、兵士は他の誰よりも平和を希求する。なぜならば、戦争で最も深い傷を負って苦しむのは兵士だからである」[*5]。これはマッカーサーが、一九六二年、アメリカ陸軍士官学校で学生へ向けて語ったメッセージである。

「日本人は〝平和ボケ〟ではないか」と問われることがあるが、平和を希求するのは当然のことである。しかし、当たり前になっている平和、そして安全な暮らしは、いつまで保障されるのであろうかという危機感を持たなくていいわけではないのだ。日本の平和の維持と国家の安全保障を自衛隊員に任せっきりでいいのだろうか。その点を真剣に議論するときに来ている。

前章まで述べてきたように、日本の平和、安全保障を取り巻く環境は大きく変わった。ここまで幾度となく述べてきたように、現在は「超限戦」の時代である。超限戦とは、一九九九年に中国人民解放軍の二人の将校が著した概念であり、すべての限度と境界を超えた戦争である。『超限戦　21世紀の「新しい戦争」』は、中国春秋時代の斉の将軍であった司馬穰苴の言葉を引き合いに出している。「国は大きくても、好戦的であれば必ず滅亡する。天下は安定していても、戦争を忘れると必ず危険が生じる」[*6]

戦争を好むと国家は滅びると同時に、戦争のことを忘れると国家は危険に陥るということは、二〇〇〇年以上のときを経た今日にも相通じることではなかろうか。「あれかこれか」の二項対立的思考で、戦争のことを暗黙的にタブー視してきた日本人も、「戦争」を直視しなければならない時代に来ている。今日、世界で起こっている戦争は、『超限戦』が提示したように、これまでの限度と境界を超えているからである。

軍事と非軍事、軍人と非軍人という明確な境界を越えた戦争が既に起こってしまっているのである。『エコノミック・ステイトクラフト　経済安全保障の戦い』では、前記の「超限戦」から次のような具体例を表している。

＊5　野中郁次郎（2017）『知的機動力の本質——アメリカ海兵隊の組織論的研究』中央公論新社、4頁より引用。
＊6　喬良、王湘穂（2020）『超限戦　21世紀の「新しい戦争」』（坂井臣之助監修、劉琦訳）角川新書、21頁より引用。

「敵国に全く気付かれない状況下で、攻撃する側が大量の資金を秘密裏に集め、相手の金融市場を奇襲して、金融危機を起こした後、相手のコンピューターシステムに事前に潜ませておいたウィルスとハッカーの分隊が同時に敵のネットワークに攻撃を仕掛け、民間の電力網や交通管制網、金融取引ネット、電位通信網、マスメディア・ネットワークを全面的な麻痺状態に陥れ、社会の恐怖、街頭の混乱、政府の危機を誘発させる。そして、最後に大群が国境を乗り越え、軍事手段の運用を逐次エスカレートさせて、敵に城下の盟の調印を迫る」[*7]

〝DIME〟という概念がある。Diplomacy（外交）、Information/Intelligence（情報）、Military（軍事）、Economy（経済）という四つの単語の頭文字からなり、アメリカの10セント硬貨の通称にかけたこの概念は、国家の安全保障を支える四つの柱である。

国家の平和と独立、安全がいつでも保障されるためには、外交力、情報力、軍事力、経済力の四つの力が支えとならねばならない。自衛隊が担う軍事力は、そのうちの一つであって、同時に、外交力、情報力、さらには経済力が国家の安全保障には必要不可欠なのである。したがって、軍事に携わらない人々も、日本の平和と独立、そして持続的な国家の安全保障に携わることができるのである。むしろそこに関わる責任が日本人一人ひとりにはある。

繰り返しになるが、国家や国民の未来を脅かすのは、軍事力だけではなくなっている。日本の食料自給率は低い。アジアのどこかで有事が起きれば、その近隣諸国に難民が溢《あふ》れ出す。日本に多くの難民が押し寄せたら、日本の食料事情はどうなるのだろうか。食料に限らず、様々な製品に使われる半導体をはじめとした素材や資源が海外から調達できなくなれば、経済活動は致命的な打撃を被る。経済スパイなどによって日本の先進技術が盗まれ流出してしまえば、国家としての競争力は棄損する。サイバーテロによってインフラが停止すれば、人々の生活はストップする。市民はパニックになり、暴動を引き起こすかもしれない。

(3) 経済安全保障と民間企業

安全保障と経済は車の両輪であり、いささかでも安全保障が危機に瀕すれば、市場経済は一気に崩壊する。近年、「経済安全保障」あるいは「経済安保」という言葉を耳にする機会が増えた。

二〇二二年五月、世界に先駆けて「経済安全保障推進法」が成立し、安全保障の確保に関する経済施策として、「重要物資の安定的な供給の確保」「基幹インフラ役務の安定的な提供の確保」「先端的な重要技術の開発支援」「特許出願の非公開」に関する四つの制度が創設された[*8]。

前述の超限戦で挙げたような「新しい戦争」を可能にするのが、AI（人工知能）やスーパーコンピューターなど先進技術に欠かすことのできない最先端半導体である。二〇二四年二月六日の『日本経済新聞』に、「半導体の生産再編、日本が受け皿に　対中で経済安保強化」という見出しの記事が

＊7　國分俊史（2020）『エコノミック・ステイトクラフト　経済安全保障の戦い』日本経済新聞出版、39頁より引用。
＊8　経済産業省ウェブサイト（https://www.meti.go.jp/policy/economy/economic_security/index.html）を参照。

掲載された。その記事から抜粋した一部は下記の通りである。

「半導体世界大手の台湾積体電路製造（TSMC）が熊本県に第2工場の建設を発表した。日米欧は対中国をにらみ半導体サプライチェーン（供給網）の再構築を進めてきた。トヨタ自動車も加わる新たな枠組みで日台が協力を深め、経済安全保障を強化する。（中略）米中対立が本格化して以降、日米欧は経済安保の観点から、半導体受託生産で世界シェアの50％超を握るTSMCの工場誘致を進めてきた。日本は補助金支給で欧米に先行し、人手不足のなかでもスケジュール通り工場建設を進めた」[*9]

半導体は、日本の自動車産業などで需要が見込まれ、携帯電話、ゲーム、GPS、スーパーコンピューターなどにも用いられている。その一方で、半導体は軍事用の人工衛星や大陸間弾道ミサイル（ICBM）の制御といったあらゆる軍事や武器に使用されている。

第3章で述べたウクライナ戦争では、ドローンによる攻撃や、生成AIによるフェイク画像やフェイク動画の拡散によって情報錯乱が起こっているが、これらの技術にも半導体が不可欠なのである。

『半導体戦争――世界最重要テクノロジーをめぐる国家間の攻防』では、「半導体は石油以上の『戦略的資源』だった」と言う。二〇二三年六月、その著者のクリス・ミラーは、東京大学の安田講堂で講演を行った。

「『今後の戦争はコンピューティングやセンシング、通信への依存度がいっそう高まっていく』ため、各国政府はこうした技術に欠かせない半導体への投資を加速させていると述べた」[*10]

二〇二四年二月二四日、TSMCが熊本県に建設した第1工場の開所式が行われた。日本政府からは齋藤健経済産業大臣（当時）が出席し、岸田文雄総理大臣（当時）はビデオメッセージを送った。そのメッセージのなかで、岸田総理は、既に建設の発表がされている第2工場への日本政府の支援を公表した。その額は、最大七三二〇億円。既に公表されているTSMC熊本第1工場への支援額、最大四七六〇億円と合わせると、総額一兆二〇〇〇億円に上る。

このように、〝経済〟と〝安全保障〟、そして、〝民間の企業活動〟と〝国の防衛活動〟を分けて考えてはならないのである。

二〇二四年三月七日付の『日本経済新聞』朝刊の「今、若者たちと～次の10年の話をしよう」と題した三菱重工の一面広告に目がとまった。この広告の片隅には、「陸、空、海、そして宇宙へ」と題した枠内に、八枚の写真が掲載されている。そのなかには、ロケットの写真、そして戦闘機らしき写真もあった。

＊9　「日本経済新聞電子版」二〇二四年二月二六日付（https://www.nikkei.com/article/DGXZQOGM043DJ0U4A200C2000000/）より引用。

＊10　久保田龍之介「『半導体戦争』著者が語る未来、『生成AIの軍事利用も始まった』」日経クロステック／日経エレクトロニクス、二〇二三年六月二三日（https://xtech.nikkei.com/atcl/nxt/column/18/02311/062200010/）より引用。

日立製作所のウェブサイトには、防衛事業を担当してきたディフェンスシステム事業部の事業理念が掲げてある。

「ディフェンスシステム事業部は、防衛・航空宇宙・セキュリティ分野を支える技術を核に、日立グループの技術を集結して社会インフラ安全保障事業を推進し、さまざまな事態から私たちの生活と安全を守り、安心して暮らせる社会の実現に貢献します*11」

二つの伝統的企業の例に見られるように、日本を取り巻く安全保障の環境が大きく変わりゆくなか、これまで、暗黙的にタブー視されてきた〝防衛〟と〝民間企業〟の関係性は変化しようとしている。

3　自己変革を実現する知的機動力

(1) アメリカ海兵隊の知的機動力

『失敗の本質』では、日本軍の失敗の大きな要因が、過去の成功体験に過剰適応したあまり「自己変革」ができなかったことであると結論づけたことは先述した。「未来の環境に対して、自らの目標と構造を主体的に変えることのできる組織」である「自己変革組織」たり得なかったことが、日本軍の失敗の本質なのである。

『失敗の本質』が刊行された時点では、「組織的知識創造理論」はまだ世に出ていなかった。したがって、シングルループ学習、ダブルループ学習、アンラーニング（学習棄却）など組織学習論の概念から日本軍の組織的研究を行った。しかし、組織的知識創造理論の観点から言えば、環境変化に対応し想定外の出来事が起こることを前提にして自己変革できる組織とは、学習する組織というよりは、組織的に新たな価値・意味、つまり知識を創造し、イノベーションを実践できる組織である。

そのような自己変革組織の事例は、第1章と第3章でも触れたアメリカ海兵隊に見ることができる。日本軍は、太平洋戦争において海兵隊に負けたが、その組織のありようは対照的であった。米軍は太平洋戦争が起こる以前の〝平時〟であった一九二〇年代から三〇年代にかけて、その後の未来を見据えて「水陸両用作戦」というイノベーションを生み出していたのだ。

陸海空の異なる機能を統合した海兵隊は、「From the Sea（海から陸へ）」というコンセプトを水陸両用作戦として具現化し、実戦経験を通じて戦い方を磨き、進化させながら、太平洋の日本の支配下の島嶼に次から次へと上陸し、最終的には本土空襲を可能にしたのである。

自衛隊の水陸機動団の創設に携わった番匠は、アメリカ海兵隊のMAGTF（Marine Air Ground Task Force）の思想を引き合いにして次のように語る。

「アメリカ海兵隊は究極の統合組織であり、水陸両用作戦の目的達成のために軍レベルの大部隊から大隊レベルまで、指揮機関・戦闘部隊・航空部隊・兵站部隊がセットとなって作戦を実行できるよう制度設計されていることは、海兵隊の歴史から生み出された教訓の反映だと思う」

＊11　日立製作所ウェブサイト（https://www.hitachi.co.jp/products/defense/）より引用。

筆者らは、これまで東京都福生市の横田基地に赴き、アメリカ海兵隊や空軍の幹部、そして自衛隊幹部との勉強会の機会を持ってきた。当時、アメリカ第5空軍副司令官として横田基地に赴任していたレオナルド・J・コシンスキー米空軍中将（愛称：レオ）が開催してくれた場であった。レオは一橋大学MBAコース一期生で、野中のゼミ生であり、筆者のひとり川田英樹の同級生である。

その勉強会の最中、野中がアメリカ海兵隊幹部に問いをぶつけた。

「どうして海兵隊は、自ら変革できる組織であり続けることができるのか」

すると、その海兵隊幹部はこう答えた。

「『我々は、なぜ存在するのか』という存在理由について、絶えずWhyを問い続けている。海兵隊は、いつも予算が潤沢な組織ではないが、考えることにコストはかからない」

一人ひとりが現状に満足することなく、絶えず存在理由について問うという彼のその言葉に、不断に自己変革する組織としてのアメリカ海兵隊の「生き方（a way of life）」の真髄を見たのであった。予算や資源は限られるが、〃知識〃は限られることはない。海兵隊は、組織のあらゆる知を柔軟にそして臨機応変に実践に導く知的機動力によって自己変革組織であり続けている。

アメリカ海兵隊の「生き方」を左右する組織の存在理由やありようを、組織メンバー一人ひとりが自律的に考え抜き、オープンにディスカッションし、ジレンマや矛盾をどう克服したらよいかについて知的コンバットと言える議論を通じて、共創していくのである。

変化する環境、動く文脈のなかで未来を見据え、徹底的に知的コンバットを重ねて新たな知を生み出している。それが、本章で提言したい知的機動力の真の姿である。

「Why」という問いは、「何の組織か（What）」ではなく、「何のために存在するか（Why）」を問うものであり、正解はなく、無限に追求することができる。Whyを問い続けることは決して楽なことではない。

軍事史家ウィリアムソン・マーレーは、「適応（adaptation）と革新（innovation）を分けるのは、有事に軍事組織が両者を同時に行うことが困難だからである」[*12]と言った。確かに、アメリカ海兵隊は、平時に「水陸両用作戦」というイノベーションを生み出し、来たる有事へ備えていた。ただ、その水陸両用作戦は、太平洋戦争という有事における作戦実行を通じて、失敗と成功を繰り返し、学び反省し、練磨するという、現実の只中で泥臭く小さなイノベーションを続けていった。

すべては連続しており、最初から完成したイノベーションなどあり得ないことを忘れてはならない。イノベーションの歩みにゴールはないのである。軍事も非軍事も関係なく何でもありの超限戦が既に起こっている現代においては、適応（adaptation）と革新（innovation）の〝どちらか〟と分けることなく、Whyを問い続け知的機動力を発揮せねばならない。

別の機会であるが、前述のアメリカ海兵隊幹部にこうも尋ねた。

＊12　野中郁次郎（2017）『知的機動力の本質――アメリカ海兵隊の組織論的研究』中央公論新社、100頁より引用。

「アメリカ海兵隊のリーダーの仕事とは何だ？」

すると、簡潔な英単語三文字の答えが返ってきた。

「Unleash their initiative（部下のイニシアティブを解放すること）」

「我々はなぜ存在するのか」と、互いにWhyを問い続けるなかで、海兵隊員のイニシアティブは解放され、一人ひとりが自律的に絶え間ない自己変革を成し遂げているのである。だからこそ、オープンに知的に共創するという組織としてのクリエイティブ・ルーティン（創造的な型・行動様式）が形骸化することなく機能し、隊員の実践知を総結集できているのであろう。

海兵隊においては、存在理由を問い続けることが、新たな生き方を創造するという自己変革の原動力となっているのである。

（2）自衛隊の自己変革

さかのぼること二四〇〇年前、古代ギリシャの哲学者アリストテレスは、人間の究極の目的は、「よく生きること」であると言った（アリストテレス『ニコマス倫理学』）。
「いかなる技術、いかなる研究も、同じくまた、いかなる実践や選択も、ことごとく何らかの善を希求している。『善』をもって『万物の希求するところ』とした解明は見事だといえる所以である」[*13]
軍事、非軍事にかかわらず、いかなる技術や研究も本来の目的は、万物が希求する〝善〟を目指すことではなかろうか。安全保障とは共通善ではなかろうか。
アリストテレスが言うように、あらゆる技術や研究、そして実践や選択が、万物が希求する〝善〟、すなわち〝共通善〟を目指すのであるならば、向かう方向は同じである。

軍事と非軍事、有事と平時、分断と統合、士官と文民、戦争と平和、国防と経済、適応と革新、失敗と成功……、これらは相反する概念、対立する概念と捉えられがちだ。人間を含め万物が、共通善を目指し、よりよく生きることを真に願い求めるのであれば、対立に見える二項も動きのなかでは統合の方向に向かうのである。ただし、それは1＋1＝2の単純な足し算ではなく、安全保障という共通善に向かって無限の新しい価値を生む可能性を持つのである。

組織的知識創造理論は、もともとはジャパン・アズ・ナンバーワンの時代のハードウエア業界（製造業）を中心にした日本企業のイノベーションを研究することで生まれた理論であったが、その後、アメリカでソフトウエア業界に応用され、アジャイル開発で主流の「スクラム」という手法（以下、アジャイル・スクラム）になった。

このアジャイル・スクラムは、これまでの開発手法とは大きく異なる。長期的な計画のもと、ウォーターフォール型で分業によって開発を行う伝統的な開発手法では、組織は縦割りとなって情報共有がなされず、顧客の要望や市場環境の変化に対応できなかった。多大なコストをかけたにもかかわらず、出来上がったソフトウエアが使えないことも日常茶飯事であった。

一方のアジャイル・スクラムは、プロジェクトを短いスプリントと呼ばれる期間に分けて、プロジ

＊13　アリストテレス（1971）『ニコマス倫理学（上）』（高田三郎訳）岩波文庫、17頁より引用。

エクトメンバー全員がゴールと情報を日々共有し、顧客のフィードバックを適宜もらいながら、臨機応変に機動的に全員経営で開発を行うやり方である。まさにスクラムを組むのである。

スクラムという手法を開発したジェフ・サザーランド博士は、ベトナム戦争で偵察機に乗っていたパイロットであった。彼は、スクラムの実践は「生き方」に通じると説き、「アジャイル・スクラムを真に習得するには、日本の武道の『守破離』と呼ばれる、プロの道を習得していく過程のように、身体が覚えるまで実際にやってみるしかない。卓越性は内側から生まれるが、皆に備わっている」と語る。

二〇二四年八月二六日、中国機による〝初〟の日本の領空侵犯が起こった。[14] そのわずか五日後、中国海軍の測量艦一隻が日本の領海に侵入したと防衛省は発表した。[15]

日本の国民一人ひとりが安全保障についての理解力を持たねばならないときはきている。安全保障の核である自衛隊について今よりもっと知る必要がある。

その意味、意義は何か。

「軍事＝悪」「自衛隊＝戦争」とされ「歪んだ平和主義」だった時代、つまり戦争や軍事が暗黙的あるいは明示的にタブー視されてきた時代では、ある意味、自衛隊は社会の注目を浴びることもなく、安全保障の〝縁の下の力持ち〟、あるいは〝黒子〟的存在であった。そんな状況に甘んじて、我々日本人の多くは自衛隊について知ろうともしなかった。そして「日本になぜ自衛隊があるのか？　必要なのか？」といった自衛隊の存在理由について、まともに議論してこなかった。

社会からの注目を浴びることもないなかでは、前述のように、自衛隊は「失敗体験への過剰適応」に陥ったまま、新たなことへ組織的に挑戦する意欲や活力が奪われたままになるかもしれない、という危機感から本書の執筆はスタートした。

日本国民の多くが、安全保障への理解を深め、自衛隊のことを知ろうとすれば、自衛隊に対する注目度は間違いなく上がる。それは、日本国民の注目に応えるべく自己変革に邁進する自衛隊を後押しすることになる。

統合幕僚学校の統合高級課程では、二〇二四年四月より新たなリーダーシップ教育プログラムをス

＊14　防衛省は次のニュースをウェブサイトに上げている。「令和6年8月26日（月）、中国軍のY-9情報収集機が、11時29分頃から11時31分頃にかけて、長崎県男女群島沖の領海上空を侵犯したことを確認した。これに対し、自衛隊は、航空自衛隊西部航空方面隊の戦闘機を緊急発進させ、通告及び警告を実施する等の対応を実施した」。防衛省・自衛隊ウェブサイト（https://www.mod.go.jp/j/press/news/2024/08/26d.html）より引用。

＊15　「令和6年8月31日（土）午前4時47分頃、海上自衛隊は、口永良部島（鹿児島県）西の我が国の接続水域を東進する中国海軍シュパン級測量艦1隻（艦番号「25」）を確認し、同日午前6時00分頃、当該測量艦が口永良部島南西の我が国領海に入域したのを確認しました。その後、同日午前7時53分頃、当該測量艦が、屋久島（鹿児島県）南西の我が国の領海から出域し、南に向けて航行したことを確認しました。海上自衛隊第46掃海隊所属『ししじま』（沖縄）及び第1航空群所属『P-1』（鹿屋）が、警戒監視・情報収集を行いました」。防衛省・自衛隊ウェブサイト（https://www.mod.go.jp/j/press/news/2024/08/31a.html）より引用。

タートした。野中郁次郎が監修し、「野中塾」と呼ばれるそのプログラムの受講者は、陸海空自衛隊の1佐および2佐である。

全一〇回のプログラムを通じて、受講者は、野中、番匠、川田をはじめ多彩な講師から様々な場における知識創造理論の実践に関する講義を受けるとともに、「自衛隊におけるイノベーション」についてグループ研究を実施する。プログラムの主眼は、自衛隊にとってこれまで馴染みのなかったビジネス領域の理論と実践を、ゲスト講師との対話によって体感することだ。

軍事と非軍事の境界を越えてスクラムを組み、相互に共感し、向き合い、刺激し合うことで、身を置く場所は異なっていても、ともに「安全保障」に貢献していく覚悟を新たにする場となることを目指している。イノベーションに必要なリーダーシップ習得を意図した、この新たなプログラムは、自衛隊の自己変革の一例であると言えよう。

我々は、今こそ「知のスクラム」を創造するときではないだろうか。産官学軍民の組織横断的なアジャイル・スクラムを創造し、自己変革し続けるレジリエントな国家をともに構築するのである。ただし、それは表層的な関係性ではなく、存在理由を互いに厳しく問いながら知的コンバットをともにできる間柄であることが重要である。

動く現実の只中で産官学軍民の枠組みを超えてスクラムを組み、あらゆる知見を綜合し、共通善に向かって知的対話によって自在に新たな集合「実践知」を創造し、試行錯誤しながら実践して、自己変革する無限の努力を愚直に続けるしか道はない。

【参考文献】

アリストテレス（１９７１）『ニコマス倫理学（上）』（高田三郎訳）岩波文庫

兼原信克（２０２３）『日本人のための安全保障入門』日本経済新聞出版

喬良、王湘穂（２０２０）『超限戦 21世紀の「新しい戦争」』（坂井臣之助監修、劉琦訳）角川新書

國分俊史（２０２０）『エコノミック・ステイトクラフト　経済安全保障の戦い』日本経済新聞出版

玉井克哉、兼原信克編著（２０２３）『経済安全保障の深層——課題克服の12の論点』日本経済新聞出版

戸部良一、寺本義也、鎌田伸一、杉之尾孝生、村井友秀、野中郁次郎（１９８４）『失敗の本質——日本軍の組織論的研究』ダイヤモンド社

野中郁次郎（１９９５）『アメリカ海兵隊——非営利型組織の自己革新』中公新書

——（２０１７）『知的機動力の本質——アメリカ海兵隊の組織論的研究』中央公論新社

——、川田英樹編著（２０２３）『世界を驚かせたスクラム経営——ラグビーワールドカップ２０１９組織委員会の挑戦』日本経済新聞出版

——、川田英樹、川田弓子（２０２２）『野性の経営——極限のリーダーシップが未来を変える』KADOKAWA

——、川田英樹、川田弓子（２０２４）「二項動態による集合『実践知』創造」『一橋ビジネスレビュー』東洋経済新報社

デビッド・H・フリードマン（２００１）『アメリカ海兵隊式経営——最強のモチベーション・マネジメント』（白幡憲之訳）ダイヤモンド社

槇智雄（２０２０）『新版　防衛の務め——自衛隊の精神的拠点』中央公論新社

クリス・ミラー（2023）『半導体戦争――世界最重要テクノロジーをめぐる国家間の攻防』（千葉敏生訳）ダイヤモンド社

あとがき

戦後の日本では、多くの人々が国家の安全保障に向き合うことを避けてきた。「戦後の日本の安全保障とは何であったのか」。その命題を解き明かすため、二〇二一年三月、私は、戦後の日本の安全保障と自衛隊の研究会を始動し、その成果をまとめたものが本書である。

振り返れば、『失敗の本質』で太平洋戦争における日本軍の敗戦を研究した後、私は、『アメリカ海兵隊』『戦略の本質』『国家戦略の本質』『知略の本質』『知的機動力の本質』と、戦史や軍事組織、そして国家の安全保障について研究を進めてきた。

経営学者である私が「戦争」を研究してきたのは、なぜか。それは、人間の善と悪が極限状態でせめぎ合うのが「戦争」であると捉えているからである。「国家のために」と言えば、善かもしれない。一方、「人命を奪う」ことは紛れもなく悪である。善と悪という究極の矛盾に直面する戦争という極限状態のなかで、組織、あるいは一人ひとりの人間は、どう判断し、どのように行動するのか。組織論や戦略論を超えて、経営とは「生き方」であると考える私にとって、戦争を研究することは大いに意義があることなのである。

本書は、戦後の日本の安全保障と自衛隊について、現場の実践者の視点で考え、書き表してきた。終章では、これまでの自衛隊は「過去の失敗体験への過剰適応」に陥ったまま、組織的に新たなことに挑戦する意欲や活力が奪われていたのかもしれないと述べた。それは、安全保障を他人事とし、向き合うことを避けてきた多くの人々に拠るところがあるとも訴えた。一方で、今日《こんにち》、自衛隊が自己変革に挑戦していることも先述した。読者の皆さんには、安全保障に真摯に向き合い、自衛隊の自己変革にエールを送ってくれることを望みたい。

今、私が経営学者としてあるのは、「戦争」の原体験があるからだ。戦時中、疎開先で米軍戦闘機の機銃掃射を受けながらも九死に一生を得た私は、「いつかアメリカにリベンジする」と心に強く誓った。早稲田大学卒業後に入社した富士電機で、アメリカの最先端の経営学に接した私は、「このままだと日本はまたアメリカに負ける」と強い危機感を抱き、アメリカ留学を決意した。

また、太平洋戦争時、国家の安全保障のために身命を賭した多くの人々のおかげで、今の私がある。富士電機時代の上司、奥住高彦さんは、陸軍特攻隊として台湾で待機中に終戦を迎えた。彼は、私がアメリカ留学の資金に困っていたときに、快く援助を申し出てくれた。さらに、帰国後、研究者となった私に「企業の失敗事例を研究するのは難しいかもしれないが、防大なら日本軍の失敗の研究ができるのではないか」とアドバイスをくれ、『失敗の本質』執筆につながる防衛大学校での共同研究プロジェクトへと進むきっかけをつくってくれた。

『日米企業の経営比較』で研究をともにし、今でも親交の深い慶應義塾大学名誉教授の奥村昭博さんのお父上は、特攻用機としても使われた偵察機「新司偵」のパイロットであった。世界で初めて知創部を創設し、組織的知識創造理論を経営の最前線で実践してくれているエーザイの内藤晴夫CEOのお父上も海軍特攻隊員であった。東京大学在学中に学徒出陣で召集され、零戦のパイロットとして特攻の出撃命令を待つなかで終戦となった。

本書が、彼らのように国家のために身を捧げた人々への恩返しになればと心から願っている。

研究会発足時、最初に参加してくれたのは、私の防衛大学校教授時代の教え子の番匠幸一郎と三原光明、そして、彼らの後輩の坂口大作であった。その後『失敗の本質』の共同研究者の一人である戸部良一が加わり、研究会も会を重ねた。二〇二三年になると、番匠、三原、坂口と同じ陸上自衛隊出身の木口雄司、また、海上自衛隊出身の内山哲也も参加することになった。同じ時期、一橋大学大学院の教え子であり、現在、統合幕僚学校で野中塾の講師を務める川田英樹もこの研究会に加わった。

本書は、この研究会メンバーがスクラムを組むことで完成を見た。「失敗の本質」プロジェクト以来の同志である戸部は、本質をついた助言と指摘によって我々の知的コンバットを促進し、坂口とともに「まえがき」を執筆した。各章の執筆担当は、序章―坂口、第1章―三原、第2章―坂口、第3章―番匠、第4章―番匠、第5章―木口、そして、終章は川田と私である。私と本研究をともにしてくれた執筆チームメンバーの労をねぎらいたい。

最後に、何度も研究会に足を運び、的確なアドバイスと励ましの言葉で、執筆チームを鼓舞し続けてくれた日経BPの堀口祐介さんに深く感謝したい。そして、各々の家族のサポートにも感謝を述べたいと思う。

誰もが平和を望み、戦争は絶対に避けなければならない。国家の共通善実現のための砦としての安全保障は、誰もが当事者として捉えるべきものだ。本書が、「自分ごと」としての「安全保障」の実践、そして国家の共通善実現の一助になれば、間もなく九〇歳を迎える私にとって、このうえない喜びである。

二〇二四年秋

野中郁次郎

【執筆者紹介】

戸部良一（とべ・りょういち）

1948年生まれ。宮城県出身。京都大学大学院博士課程単位取得退学。防衛大学校教授、国際日本文化研究センター教授、帝京大学教授を歴任。現在は防大および日文研名誉教授。主な著書として、『逆説の軍隊』（中央公論新社）、『自壊の病理』（日本経済新聞出版）、『戦争のなかの日本』（千倉書房）、共著として『失敗の本質』（ダイヤモンド社）、『戦略の本質』『国家戦略の本質』『知略の本質』（ともに日本経済新聞出版）など。

番匠幸一郎（ばんしょう・こういちろう）

1958年生まれ。鹿児島県出身。元陸上自衛隊陸将。防衛大学校卒業（24期生、国際関係論）、アメリカ陸軍戦略大学院修士。80年陸上自衛隊入隊、部隊勤務、外務省出向、陸上幕僚監部勤務、第3普通科連隊長などを経て、2004年イラク派遣部隊初代指揮官、07年幹部候補生学校長、09年陸上幕僚監部防衛部長、2011年の東日本大地震では日米共同調整所長として「トモダチ作戦」に従事。第3師団長を経て、12年陸上幕僚副長。13年西部方面総監、15年退官。16年国家安全保障局顧問、23年防衛大臣政策参与。拓殖大学特任教授、政策研究大学院大学客員教授、全日本銃剣道連盟会長。著書に『核兵器について、本音で話そう』（共著、新潮新書）がある。

三原光明（みはら・こうめい）

1957年生まれ。徳島県出身。元陸上自衛隊陸将補。81年防衛大学校卒業（25期生、野中ゼミ）、APCSS（アジア太平洋安全保障センター）エグゼクティブコース卒業。陸上幕僚監部教育訓練部訓練班（先任）、第1普通科連隊長（東京23区防衛警備担当）、第5旅団幕僚長、陸上自衛隊高等工科学校副校長兼企画室長（初代）、陸上自衛隊研究本部第一課長（戦略等担当）を歴任。自衛隊退官後、横浜市総務局危機管理室緊急対策担当課長（2013 ～ 18年）、一橋ビジネススクール野中研究室研究員（18 ～ 23年）。主な著書として『野中郁次郎ビジュアル講義 第二次世界大戦』（近刊、日本経済新聞出版）。

坂口大作（さかぐち・だいさく）

1960年生まれ。東京都出身。元陸上自衛隊1等陸佐。防衛大学校防衛学教育学群・総合安全保障研究科教授。84年防衛大学校国際関係論専門課程卒業（28期生）、陸上自衛隊勤務を経て、2011年より現職。この間、防衛大学校総合安全保障研究科前期課程、ピッツバーグ大学公共国際関係大学院、ヘンリー・スチムソンセンター訪問研究員、青山学院大学大学院国際政治経済学研究科国際政治学博士後期課程修了（国際政治学博士）。著書に『戦略文化』（日本経済新聞出版）、共著に『地政学原論』（日本経済新聞出版）、『国際安全保障がわかるブックガイド』（慶應義塾大学出版会）など。

木口雄司（きぐち・ゆうじ）

1965年生まれ。神奈川県出身。元陸上自衛隊陸将補。88年防衛大学校卒業（32期生、機械工学）、96年東京工業大学大学院博士後期課程修了（工学博士）。第7高射特科群長兼竹松駐屯地司令、陸上幕僚監部装備部開発課長、第1高射特科団長、開発実験団長、高射学校長兼下志津駐屯地司令、中部方面総監部幕僚長兼伊丹駐屯地司令、防衛研究所副所長を歴任。現在、東京海上日動火災保険株式会社顧問。

川田英樹（かわだ・ひでき）

1966年生まれ。神奈川県出身。多摩大学大学院教授。株式会社フロネティック代表取締役。UCLA（カリフォルニア大学ロサンゼルス校）でAstrophysics（天体物理学）を専攻し卒業。一橋大学大学院国際企業戦略研究科国際経営戦略コース（現一橋ビジネススクール国際企業戦略専攻：一橋ICS）第1期生（MBA）、同コース博士課程（DBA）取得。主な著書に『野性の経営』（野中郁次郎他と共著、KADOKAWA）、『世界を驚かせたスクラム経営』（野中郁次郎と共編著、日本経済新聞出版）。

【編著者略歴】

野中郁次郎（のなか・いくじろう）

1935年生まれ。東京都出身。一橋大学名誉教授、日本学士院会員。58年早稲田大学政治経済学部卒業。カリフォルニア大学バークレー校経営大学院にてPh.D.取得。知識創造理論の世界的権威。『組織と市場』（日経・経済図書文化賞、千倉書房）、『失敗の本質』（共著、ダイヤモンド社）、The Knowledge-Creating Company（共著、Oxford University Press、邦訳『知識創造企業』）、The Wise Company（共著、Oxford University Press、邦訳『ワイズカンパニー』）、『「失敗の本質」を語る』（共著、日経プレミアシリーズ）、『知的機動力の本質』（中央公論新社）など著書多数。

「失敗の本質」を超えて　安全保障を現場から考える

2024年12月13日　1版1刷

編著者 ―――― 野中郁次郎

発行者 ―――― 中川ヒロミ

発行 ―――― 株式会社日経BP
日本経済新聞出版

発売 ―――― 株式会社日経BPマーケティング
〒105-8308　東京都港区虎ノ門4-3-12

装丁 ―――― 野網雄太（野網デザイン事務所）

DTP ―――― CAPS

印刷・製本 ―――― 中央精版印刷

Printed in Japan　ISBN978-4-296-12163-2